金版

孩子爱吃的菜

美食生活工作室 …………… 组织编写

青岛出版集团一青岛出版社

图书在版编目（CIP）数据

金版孩子爱吃的菜 / 美食生活工作室组编 . —青岛：
青岛出版社 , 2022.7

ISBN 978-7-5736-0333-3

Ⅰ .①金…　 Ⅱ .①美…　 Ⅲ .①儿童—食谱　 Ⅳ .
① TS972.162

中国版本图书馆 CIP 数据核字 (2022) 第 105749 号

JINBAN HAIZI AICHI DE CAI

书　　　名	金版孩子爱吃的菜
组织编写	美食生活工作室
参与编写	胡贻椿　李　敏　吴景欢
菜品提供	蜜　糖　圆猪猪　西镇一婶　陈小厨
出版发行	青岛出版社
社　　　址	青岛市崂山区海尔路182号（266061）
本社网址	http://www.qdpub.com
邮购电话	0532-68068091
策划编辑	周鸿媛
责任编辑	逄　丹　肖　雷
特约编辑	刘　倩　王　燕
装帧设计	文　俊　叶德永
制　　　版	青岛乐道视觉创意设计有限公司
印　　　刷	青岛乐喜力科技发展有限公司
出版日期	2022年7月第1版　2022年7月第1次印刷
开　　　本	16开（889毫米×1194毫米）
印　　　张	11.5
字　　　数	500千字
图　　　数	1068幅
书　　　号	ISBN 978-7-5736-0333-3
定　　　价	49.80元

编校印装质量、盗版监督服务电话　4006532017　0532-68068050

建议陈列类别：生活类　美食类

将对家人的爱，融入一日三餐

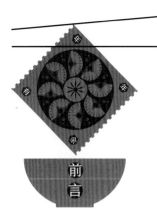

当你决定翻开这本书的时候，你的心里一定在记挂自己的家人吧？你是不是每天都在盘算着要为家人做一桌什么样的饭菜呢？

作为编者，很开心能将这一套金版系列美食图书，献给同你一般为家人健康饮食操劳的人。作为家里的主厨，您辛苦了。主厨，在汉语中的意思是指对食品准备有技巧的人，也指对食品的烹饪及搭配有经验的人。虽然很多时候，我们听到的是如"米其林三星餐厅主厨"这样的称谓，而在本套书成书过程中，细细思量着每道菜品的烹制，编者的脑海里便常常浮现"家庭主厨"四个字——作为家庭厨房的管理者和掌勺人，家庭主厨常常一人要负责采买全家人膳食所需的食材，要调节饮食照顾全家老少的身体健康，要日日烹饪准时开饭，一年四季要应季为家人搭配养生食谱，要不断变换口味为家人制造惊喜，还要照应到家里有特殊饮食需求的孕妇、老人、幼童等等。可以说，做饭这件小事关乎着全家人的幸福指数。然而，与米其林主厨的流动客人相比，自己照应的食客们都是固定的，而且，是一辈子的。

其实，饮食于我们中国人而言，不仅是生理的饱足，更多地时候，饮食被赋予了和家有关的故事、和情感有关的职能。吃一餐饭能够表达出太多难以言喻的复杂情感，餐桌上的美味则承载了诸多美好的希冀与愿望。身为家庭主厨，能为家人下厨做菜，实则是人生中的小确幸。

所以，我们决定用心呵护这份微小而确定的幸福，为您设计了这一套金版系列美食图书。这一系列图书包括《金版家常菜》《金版家常主食》《金版过瘾川菜》《金版家人爱吃的菜》《金版孩子爱吃的菜》。该系列图书汇集了孙春娜（Candey）、圆猪猪、蜜糖、谢宛耘、孟祥健（Nicole）、蝶儿、梁凤玲（Candy）、爷俩儿好菜、西镇一婶、陈小厨、四川烹饪杂志社等诸多百万级美食博主历经10年蕴蓄的家味道。为家庭主厨奉上可视可听的融媒体饕餮盛宴。只需打开手机，用微信扫描书背面的二维码，就能在青岛出版社微服务小程序中获取菜品的烹制视频。

杨绛说，懂你的人，才配得上你的余生。作为真正懂得家庭主厨的人，这本《金版孩子爱吃的菜》是为家中有孩子的家庭主厨量身定制的有温度、有亲情，科技和时尚感十足的爱心食谱：

全书共分为"下厨锦囊""三餐巧安排""营养特效餐""花样创意餐"四大部分。

"下厨锦囊"带您先了解一下孩子在生长发育过程中需要哪些营养，给孩子安排饮食需要满足哪些原则，在下厨之前做到心中有规划。还介绍了食材保鲜的小诀窍，让您在厨房中更加游刃有余。

"三餐巧安排"从每日场景出发，从早到晚，合理规划一日三餐，为孩子的身体活动及时提供能量。这个章节精选了适合早中晚三餐的套餐，荤素搭配，营养全面，您可以信手拈来，轻松搞定每日菜谱。

"营养特效餐"围绕着给孩子补充营养这个热门话题展开，随着孩子身体的成长，营养也要跟上，蛋白质、脂类、碳水化合物、维生素、矿物质……一个都不能少。这一章对孩子需要补充哪些必需的营养素，这些营养素要从哪些食物中摄入，到哪些菜谱补充哪种营养素等，介绍得极为详尽。

"花样创意餐"着重解决孩子常见的不爱吃饭、没有食欲的问题。所选菜品尊重孩子的口味，用健康营养的方式烹调，并且网罗了各种可爱的食物造型，一定会让孩子眼前一亮，胃口大开。

父母对孩子的爱，永远是热烈而深沉的，希望孩子好好吃饭、健康成长。愿本书能帮您解决给孩子做饭方面的各种问题和疑惑，让孩子在您的关心、关爱中，一天天长大。相信书中的菜品经过您的亲手烹调，会让孩子爱上吃饭，从而获得受益一生的健康体魄。属于孩子的人生之路很长，让我们带上这份守护，向爱出发，走进人间烟火处。

美食生活工作室

目录

壹。下厨锦囊

做孩子的专属大厨

贰。三餐巧安排

让孩子全天活力满满

早餐
——吃好早餐，活力满满

午餐
——孩子的能量营养加油站

晚餐
——清淡好消化，助眠好营养

叁。营养特效餐

让孩子健康成长

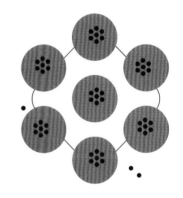

肆。花样创意餐
打开孩子的味蕾

让孩子爱上吃饭

零食也能健康又美味

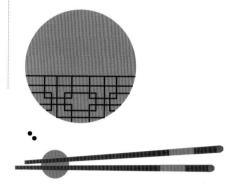

14 道食谱，60+ 分钟精彩视频

176 道食谱，700+ 分钟音频

扫码关注，在下方菜单栏选择"看视频"或"听音频"，即可畅享美食视听盛宴

黑麦墨鱼丸 p.120

奶香山药饼 p.133

虾笋鲜肉小馄饨 p.106

香煎鱼薯饼 p.162

彩蔬鸡汤猫耳面 p.77

西葫芦鲜肉鸡蛋水饺 p.103

小白菜鸡蛋麦穗包 p.70

溏心蛋 + 猪软骨拉面 p.31

虾球什锦炒饭 p.76

紫菜包饭 p.73

芝麻三文鱼排 + 法式吐司 p.21

甜甜圈 + 麦片早餐奶 p.22

枣香黑米浆 + 滑蛋鱼子三明治 p.23

小主厨沙拉 p.156

注：本书中所用小勺为 5 毫升，大勺为 15 毫升。视频中食材用量和操作步骤，与菜谱中制作方法文字表述略有差异，仅供参考。

壹。

下厨锦囊

做孩子的专属大厨

给孩子做饭的营养原则

孩子正处在生长发育阶段，营养状况会直接影响孩子的成长。给孩子安排饮食应最大限度地讲究营养平衡。一般来说，饮食能提供蛋白质、脂肪、碳水化合物、维生素、矿物质、水六大类营养素。因此，给孩子安排饮食时要注意，每天的膳食中六大类营养素的比例搭配要恰当，才能满足孩子生长发育的需要。

三餐定时定量，保证吃好早餐，合理加餐

孩子的饮食要能满足其生理需要。一天的饮食一般分为三餐，三餐比例要适宜——早餐提供的能量应占全天总能量的25%～30%，午餐应占30%～40%，晚餐应占30%～40%。早餐是一天中能量和营养素的重要来源，早餐要保证高营养，以满足上午学习集中、脑力消耗多及体力活动量大的需求。不吃早餐或早餐营养不充足，会影响消化系统的功能，不利于健康，影响孩子的学习成绩和体能。合理的早餐食品最好包括牛奶或豆浆，还可以加上鸡蛋、瘦肉等富含蛋白质的食物。午餐和晚餐亦要保质保量，并注意荤素搭配。

家长可以根据孩子的活动量和三餐时间，给孩子适当安排加餐。加餐是补充能量的重要来源，可以满足孩子生长的需要。一般在两餐之间可以安排一次加餐，尽量避免孩子在晚饭后进食，养成良好的饮食习惯；加餐不必像正餐一样丰盛，加餐就像吃小点心，不宜让孩子吃饱，以免影响正餐的进食量。可以选择营养素含量丰富，同时是低脂肪、低盐和低糖的食品，如煮玉米、全麦饼干、全麦面包等富含碳水化合物的食物；香蕉、苹果等新鲜水果；花生米、瓜子、核桃仁、松子等坚果。

食物多样，且各类食物要齐全

给孩子安排饮食应尽量选择多种多样的食物，每日膳食的营养要全面、均衡。要结合季节特点，尽可能保证食物的多样性，同类的食材可以轮换着吃，为孩子提供比较全面的营养。我们平时吃的各种食物如米面、肉、蔬菜、水果等包含了人体所需要的各种营养物质。各类食物的每天适宜食用的量可以参见下表：

各类食物每天适宜食用的量

食物类别	每天适宜食用的量（4～11岁）	说明
谷薯类	100～250克	其中最好包含适量全谷类、杂豆及薯类
蔬菜类	200～300克	每天要吃2～3种蔬菜，多选择深绿色蔬菜和橙红色蔬菜
水果类	100～200克	每天要吃1～2种时令水果
肉类、蛋类和水产品	50～120克	猪肉、牛肉、羊肉、鸡肉等肉类经常变换着吃，也要经常吃鸡蛋和鱼虾等水产品
奶及奶制品	350～500克	每天饮用牛奶1～2杯，也可以将其中一部分替换成奶酪、酸奶等奶制品
大豆及坚果类	5～25克	4岁以上的孩子可以开始适量添加坚果，要注意观察孩子对坚果是否过敏

谷类为主，粗细搭配

每天的主食以谷类食物为主，可以变换不同的形式，如米饭、面条、馒头、烙饼、花卷、粥、面包、包子等。谷物类食品可以提供蛋白质和碳水化合物。

"粗细搭配"是指给孩子安排主食时，不光要有米、面等细粮，也要适当多吃一些粗粮，即大米、白面以外的全谷类及杂豆，也可选择一些加工精度低的米面。因为粮食经过加工后，往往会损失一些营养素，特别是膳食纤维、维生素和矿物质。粗细搭配可以补充细粮营养方面的不足。不同种类食物蛋白质的限制性氨基酸不同，搭配可以互补，提高食物蛋白质的营养价值。粗细搭配还有利于避免孩子变成"小胖墩"，预防肥胖带来的疾病隐患。但也不能给孩子吃太多粗粮，否则会影响孩子的胃肠消化功能。所以合理饮食应该以细粮为主，粗粮为辅。

要有充足的蔬菜、水果、肉蛋奶等食物

每天至少要摄入2~3种蔬菜及1~2种水果。时令的各种蔬菜、水果换着吃，补充多种维生素、矿物质和膳食纤维。每天都要让孩子摄入奶类及奶制品、豆类及豆制品，如牛奶或豆浆每日1~2杯，可以补充钙和优质蛋白质。每天都应摄入适量鱼肉、禽肉、蛋、畜瘦肉，这些食品可以给孩子生长发育提供优质蛋白质。

此外，每周可以给孩子吃2~3次海鱼，海鱼的肝油和体油中含有DHA。DHA是大脑所必需的营养物质，对提高记忆力和思考能力十分重要。每周还可以吃一些能补充维生素A的食物，如动物肝脏、深绿色蔬菜等。

注意补充富含铁和维生素C的食物

儿童和青少年缺铁性贫血发生率较高，这是因为这个阶段的孩子生长迅速，血容量增加，因此对铁的需要量明显增加，而体内铁相对不足，容易发生贫血。因此，孩子应经常吃富含铁的食物。维生素C可以显著增加人体对膳食中铁的消化吸收率，孩子每天的膳食均应含有新鲜的蔬菜、水果等维生素C含量丰富的食物。

合理烹调保证营养不流失

孩子的膳食首先要求食物制作要细、软、碎，易于咀嚼、便于消化，随着孩子逐渐长大可以逐渐增加食物品种及花色。为了让孩子充分获得所需要的营养，要将食物进行合理烹调，使其与孩子的消化功能相适合，使孩子保持良好的食欲，这样有助于给孩子养成良好的饮食习惯。合理烹调是保证饮食质量和保存食物营养成分的重要环节。通过科学的烹调方法做成的饭菜，既色、香、味、形兼备，又合乎营养的要求。

清洗蔬菜注意先洗后切，以减少水溶性营养素的流失。叶类蔬菜最好在水中浸泡一段时间，以有效去除蔬菜表皮的虫卵和残留农药。减少蔬菜营养素流失的烹调原则是旺火急炒。据一些试验报告显示，旺火急炒，叶菜类的维生素C平均保存率为60%~70%，而胡萝卜素的保存率则可达76%~96%。烹调时应注意加盐不宜过早，过早会使水溶性营养素流失。可见，营养素的保存与烹调过程及技巧有关，不科学的烹调方式会使营养素流失或破坏。

每天足量饮水，合理选择饮料

水是维持生命不可缺少的物质，能帮助身体代谢、调节体温。水还是营养物质的载体，摄入体内的各种营养物质都必须通过水运送到机体各处进行代谢。孩子新陈代谢比成年人旺盛，因此需水量也相对高于成年人。中国营养学会建议，除食物以外每天还要补充一定量的水，学龄儿童每天应补充800~1400毫升的水。父母们在平日给孩子饮水时也应该注意少"饮"多"次"，即少量多次饮水，例如，每次饮水约200毫升，每天饮水4~7次，并要根据孩子的活动量适当给孩子增加饮水量。

对于孩子来说，白开水是最好的选择。白开水含有少量的钙、钾、钠、镁等元素，其渗透压和细胞的渗透压很接近，很容易就能进入到细胞内。白开水能为身体及时补充水分，可以将体内的毒素和废弃物彻底、及时地通过代谢，经由肾脏排出体外。矿泉水含有大量的矿物质，肾脏浓缩稀释功能没有成人健全的孩子不适合长期饮用。纯净水由于不含任何矿物质，容易导致孩子体

内矿物质的流失，也不宜长期饮用。另外，给孩子准备一个漂亮、别致的杯子也会增加孩子对饮水的兴趣。

可乐、汽水等碳酸饮料，橙汁、葡萄汁等各式果汁饮料，运动饮料、功能饮料等都是甜饮料的成员。只要是甜饮料，都含糖，无论是蔗糖还是葡萄糖，无论是水果自带的糖还是添加进去的糖浆，不仅会让孩子容易得龋齿，还消耗孩子身体里的B族维生素和锌元素，会影响孩子的生长发育。此外碳酸饮料特别容易伤害孩子的牙齿和骨骼，导致钙质流失。孩子的味蕾非常敏感，父母不能过早地让孩子接触口味浓郁、含有刺激性成分的饮品，这样才不会让孩子形成对重口味的依赖。

Q 不同年龄阶段的孩子需要的营养有哪些不同？

A 孩子处于较旺盛的生长发育期，要求的膳食的营养质量要比成人的高一些。在满足能量需要的同时，优质蛋白、各种维生素及矿物质（特别是对骨骼、牙齿生长极其重要的钙）的补充也必不可少。父母要针对处于不同生长阶段的孩子的生长发育特点和对各种营养素的需求，给孩子进行合理的膳食安排。

4～6岁孩子的生长发育渐趋平稳，对各种营养素如蛋白质、维生素及总能量的需求量增加。这个阶段的孩子20个乳牙已出齐，咀嚼能力已基本发育好，饮食可逐渐由软食过渡到普通饭，食物种类及烹调方法不必限制太严。除每日三餐外，还应给予加餐一次。在做饭时，应注意将蔬菜切得小一些、细一些，以利于孩子咀嚼和吞咽，同时还要注意蔬菜和水果的颜色及口味的搭配。要每天给孩子吃适量的鱼肉、禽肉、蛋、畜瘦肉，补充优质蛋白质、脂溶性维生素和矿物质。给孩子做饭的时候要注意清淡少盐，避免添加太辛辣的刺激性食材和调味品，避免干扰或影响孩子对食物本身的感知和喜好，从而预防偏食和挑食的不良饮食习惯。

7～11岁的孩子已经进入小学阶段，体格发育稳步前进，一般来说，体重每年增加2千克，身高每年增加5～7厘米。随着年龄的增长，胃的容积也不断扩大，消化吸收的能力正在向成人过渡，但消化系统尚未发育成熟，应该结合这些特点，给孩子提供营养丰富、易于消化的食物。在平时的饮食安排中，应给孩子适当多吃蔬菜和水果，保证身体必需的维生素和矿物质供给。

不同年龄段孩子能量及产能营养素适宜摄入量

年龄段	总能量（千卡/天）	碳水化合物占总能量的百分比（%）	脂肪占总能量的百分比（%）	蛋白质（克/天）
4～6岁	1250～1400	50～65	20～30	30～35
7～11岁	1350～2050	50～65	20～30	40～60

不同年龄段孩子维生素和矿物质适宜摄入量

年龄段	维生素A（微克/天）	维生素B₁（毫克/天）	维生素B₂（毫克/天）	维生素C（毫克/天）	维生素D（微克/天）	钙（毫克/天）	铁（毫克/天）
4～6岁	360	0.8	0.7	50	10	800	10
7～11岁	500～670	1～1.3	1～1.3	65～90	10	1000～1200	13～18

食材保鲜的学问

禽畜肉类保鲜

买回来的新鲜禽畜肉类保鲜的最佳温度是3~5℃，此温度下肉质最佳，保鲜期限最好不要超过24小时。另外，生鲜肉营养丰富、微生物生长繁殖快，若长久不食用需要低温冷冻保存，储存温度一般以-10℃~-18℃为宜。肉类在家用冰箱中冰冻储藏会发生一些缓慢的变化，使肉的品质发生一些改变，因此，生鲜肉的储藏期一般不应超过半年。放入冰箱里保存时应注意防止二次污染，生食和熟食要分开放置。

鱼类保鲜

那些需要在1~2天内食用的、新鲜的鱼类应当放在0℃冰室内。如果买回的鲜鱼当天吃不完，可将鱼的内脏去除，不去鳞片，把鱼放入冷却的食盐水中浸泡一天，取出晾干，涂些食用油，再挂起来晾干，能够保存4~5天。或者将鲜鱼在80℃左右的热水中浸泡2秒钟，待鲜鱼的表面变白后立即放入冰箱，也可保持数日不变坏。如果买回来的是活鱼，可以往鱼嘴里滴几滴白酒，再放入清水盆里，这样鱼能活一个星期左右。

蔬菜类保鲜

保鲜蔬菜在保存之前最好不要清洗，用保鲜膜或保鲜袋包好后放在冰箱的冷藏室中即可，因为清洗会破坏蔬菜表面的蜡质，导致微生物入侵。蔬菜适合放置于温度较低、湿度较高的冷藏室下部的收纳盒中。

保存叶菜类蔬菜最重要的就是保留水分，同时又要避免叶片腐烂。可以在叶片上喷点水，然后用纸包起来，根部朝下放入冰箱的冷藏室，可有效延长保存时间。特别要注意的是，不能将蔬菜长时间存放于冰箱中，尤其是叶菜类蔬菜，储藏一段时间后，由于酶和细菌的作用，其中的硝酸盐会被还原成有毒的亚硝酸盐。

保存瓜果类蔬菜可将其放入塑料袋内，将口扎紧，置于阴凉处，每天打开袋口一次，通风换气5分钟左右。如塑料袋内有水汽产生，应用干净的毛巾擦干，然后再扎紧袋口。

姜蒜类保鲜

保存时最好能保持原貌。可将大蒜放入网袋中，然后悬挂在室内阴凉通风处，或是放在有透气孔的专用容器中。而姜分为老姜和嫩姜，老姜不适合冷藏保存，可以放在通风处和沙土里；嫩姜应用保鲜膜包起来，放在冰箱内保存。

贰。

三餐巧安排

让孩子全天活力满满

早餐——吃好早餐，活力满满

早餐对孩子的健康极为重要。因为早餐距离前一晚餐的时间一般都在12小时以上，体内储存的糖原已消耗殆尽，人类的大脑及神经细胞的运动必须依靠糖产生的能量，这个时候应及时吃早餐补充能量，维持体内正常的血糖水平。早餐所供给的能量要占全天所需能量的30%。孩子的早餐一定要吃好，注意营养搭配，食物种类应多样化，做到主副平衡、干稀相辅、荤素搭配。

Q 早餐吃不好会有什么危害？

A 上午是孩子脑力和体力活动集中的关键时间，加上他们活泼好动，能量消耗很大，如果早餐马马虎虎、瞎凑合，上午十点钟左右孩子就会饥肠辘辘，大脑兴奋度降低，注意力不集中，学习效率下降。同时还会出现反应迟钝，严重时甚至可出现虚脱、低血糖昏迷等现象。

另外，由于胃排空后，夜间分泌的胃酸需要早餐吃下的食物中和，如不吃早餐，胃酸就会刺激胃壁，所以不吃早餐也是孩子胃肠疾病发生的诱因之一。有研究表明，儿童、青少年不吃早餐，特别是年龄较小的孩子不吃早餐，能量和营养素摄入不足，很难从午餐和晚餐中得到补充，会直接影响智力发育水平。

由此可见，处在生长发育阶段的孩子，不但要按时吃早餐，同时还要注意吃的早餐的质量，保证摄入充足的能量和营养素。

Q 早餐食物如何搭配？

A 一份营养合格的孩子的早餐，应包含以下4类食物：谷类、动物性食物（肉类、蛋类等）、奶制品或豆制品、蔬菜或水果。

①谷类食物可分解成葡萄糖，它是大脑组织中的主要供能物质，因此早餐要吃够一定量的谷类食物，才能保证孩子上午活动的能量供给。谷类食物包括馒头、包子、烤饼、面条、面包、蛋糕、饼干等，各种谷类食物可以轮换着吃，还可以粗细搭配。

②孩子的早餐需要一定量的蛋白质。肉类、蛋类等动物性食物都含有丰富的蛋白质，可以给孩子的早餐安排一个鸡蛋或适量的猪肉、牛肉、鸡肉，保证供给孩子生长发育所需的蛋白质。

③每天早餐可让孩子喝250毫升牛奶或豆浆，也可以补充奶酪、酸奶等奶制品，或者豆腐、豆干、豆皮等豆制品。奶制品和豆制品能保证孩子摄入充足的钙。

④此外，一定量的蔬菜或水果也是早餐所必需的，可提供各种营养素和矿物质。如将莴笋、白菜、黄瓜、萝卜、番茄等蔬菜做成凉拌菜或者蔬菜沙拉，清淡少油还能保证美味的口感。或者给孩子吃一些水果，也可将水果安排在孩子上午加餐时食用。

因此，如果早餐包含了上面的4类食物，则说明早餐的营养充足；如果只包含3类或2类，则营养不够充足，要注意在孩子的午餐和晚餐时补充全面。

椒香杏鲍菇 + 奶酪煎豆腐

 难度：★ ★ ☆

椒香杏鲍菇

主料

杏鲍菇1根

调料

盐1克，黑胡椒碎0.3克，橄榄油1大勺

制作方法

① 将杏鲍菇洗净，切成0.5厘米的片。

② 将煎扒锅烧热，倒入橄榄油，放入杏鲍菇片煎至水析出，待两面扒上花纹后关火。

③ 在杏鲍菇片的两面均匀地撒上盐和黑胡椒碎即可。

温馨提示

① 煎扒的火候，可以根据食物的厚薄来调整。

② 扒过的杏鲍菇用黑胡椒调味，比肉还香。

奶酪煎豆腐

主料

豆腐200克，奶酪丝50克，面粉20克，青椒末、红椒末各5克

调料

盐2克，五香粉1克，橄榄油1大勺

制作方法

① 将豆腐切成相同大小的薄片。

② 将豆腐片放入盛有面粉的碗中，两面均匀地裹上面粉，抖掉多余的面粉。

③ 不粘锅烧热，倒入橄榄油，放入豆腐片煎至两面呈金黄色。

④ 关火，在豆腐片的两面均匀地撒上盐和五香粉。将奶酪丝撒到豆腐片上，利用锅的余温将奶酪丝化开。

⑤ 盛入盘中，撒青椒末、红椒末装饰即可。

三色蜜豆优格 + 香草焗蘑菇

🔊 难度：★ ★ ☆

三色蜜豆优格

🌿 主料

杞果 1/2 个,猕猴桃 2 个,火龙果 1 个,蜜红豆 1 大勺,原味优格 1 小杯

✏️ 制作方法 ·······

① 将三种水果洗净,对半切开,用挖球器将果肉挖成球状,放入杯中。

② 将原味优格挤到果肉球上。

③ 点缀蜜红豆即可。

🍰 温馨提示 ·······

① 三色果肉搭配原味优格,富含钙、蛋白质和纤维素。蜜红豆的点缀更是锦上添花。

② 建议自己煮蜜红豆,可以控制糖量,保证无添加剂。

香草焗蘑菇

🌿 主料

什锦蘑菇 1 盒,培根 2 片,面包屑 1 大勺,牛奶 30 毫升,马苏里拉奶酪碎 50 克,青菜叶少许

🧂 调料

橄榄油 1 大勺,盐 2 克,现磨黑胡椒碎 0.3 克,混合意式香草 0.3 克,大蒜 2 瓣

✏️ 制作方法 ·······

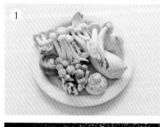

① 将什锦蘑菇洗净,沥干水。大蒜去皮,剁成末。

② 将大个的蘑菇切片,小个的蘑菇去掉根部。

③ 锅中倒入橄榄油,将培根煎至金黄,放入大蒜末煸香。

④ 放入蘑菇,翻炒至出水,加入盐、现磨黑胡椒碎和混合意式香草,翻炒均匀。

⑤ 倒入牛奶烧开,撒上面包屑炒匀。

⑥ 将蘑菇盛到盘中,撒上马苏里拉奶酪碎。烤箱预热至 230℃,开上火,将盘子放到烤箱中上层,焗烤约 5 分钟,烤至奶酪化开,呈微黄色,点缀青菜叶即可。

🍰 温馨提示 ·······

① 蘑菇中加入混合意式香草焗烤,风味十足,和培根搭配美味极了!

② 混合意式香草在大型商超有售,可以直接购买。

果仁茄子 + 彩蔬鸡丁

难度：★ ★ ☆

彩蔬鸡丁

主料

鸡胸肉 400 克，胡萝卜 1/3 根，甜玉米粒、豌豆各 30 克

调料

盐 2 克，胡椒粉 0.5 克，水淀粉 1 大勺，葱花 8 克，橄榄油 1 大勺

● 碗汁

水 2 大勺，鲜味酱油 2 小勺，香油 1 小勺，水淀粉 2 小勺，盐 1 克

制作方法

① 鸡胸肉去掉筋膜，切成 1 厘米见方的丁，备用。
② 鸡丁中加入盐、胡椒粉和水淀粉抓匀，腌制入味。
③ 胡萝卜切成丁。准备好豌豆和甜玉米粒。
④ 将水、鲜味酱油、香油、水淀粉和盐放入碗中，调制成碗汁。
⑤ 锅中倒入水烧开，先放入胡萝卜丁和豌豆焯至变色，再放入甜玉米粒轻烫，一起捞出。
⑥ 不粘锅中倒入橄榄油烧热，加入腌好的鸡丁，待滑散至变色后盛出。
⑦ 用锅中底油将葱花爆香，放入胡萝卜丁、豌豆和甜玉米粒翻炒。
⑧ 放入鸡丁炒匀，浇入碗汁，将汤汁收浓，均匀地裹满食材即可。

果仁茄子

主料

细茄子 1 根，油炸花生米 1 大勺

调料

芝麻酱 1 大勺，蚝油 1 小勺，鱼露 3 滴，盐 1 克，香菜适量

制作方法

① 将茄子洗净，去皮后切成粗段，放到锅中用大火蒸熟。将蒸好的茄子段取出，沥净水，撕成细条。将油炸花生米擀碎。
② 将芝麻酱用 1 大勺凉开水澥开，加入蚝油、鱼露和盐调味，搅拌均匀制成料汁。
③ 将料汁浇到茄子段上，撒上花生碎、香菜即可。

温馨提示

① 食材浇入料汁后更入味。料汁的量根据食材的量酌情调整即可。
② 茄子不必蒸得太烂，料汁给平淡无奇的蒸茄子带来了极佳的口感。

可爱薯泥猪包子 + 三文鱼肉蔬菜汤

 难度：★ ★ ★

可爱薯泥猪包子

主料

中筋面粉 240 克，可可粉 40 克，牛奶 100 毫升，红薯泥 120 克

调料

酵母 2 克，白糖或木糖醇 15 克，草莓酱 20 克

制作方法

① 按照"牛奶→白糖→中筋面粉（200 克）→酵母"的顺序将材料放入盆中，揉成面团。

② 发酵 45 分钟左右，取出面团，切成每份 45 克左右的小剂子，揉圆。

③ 把小剂子压扁，每个剂子中间放 20 克左右的红薯泥，对折收口，放入小猪脸形状的模具中。

④ 把可可粉、草莓酱混合均匀，涂抹在小猪的耳朵和鼻子处。

⑤ 把做好的小猪包子醒 30 分钟至 1 小时，水冷时上蒸锅，用中火蒸 20 分钟左右即可。

三文鱼肉蔬菜汤

主料

三文鱼 200 克，鳕鱼 100 克，土豆 1 个，胡萝卜 1/2 根，鲜奶油 10～15 克

调料

盐、白胡椒粉各 1/2 小勺，植物油 5 克

制作方法

① 三文鱼、鳕鱼分别治净，切方块。土豆洗净，去皮，切薄片。胡萝卜洗净，擦细丝。

② 锅内倒入水，放入胡萝卜丝、土豆片煮熟，再放入鲜奶油、植物油煮 5 分钟。

③ 放入三文鱼块、鳕鱼块煮熟，加入盐、白胡椒粉调匀即成。

温馨提示

也可将土豆片、胡萝卜丝煮熟后捞出，用黄油煎一下，再用来煮汤，汤会更香浓。

豆沙春卷 + 奶香玉米羹

 难度：★ ★ ☆

豆沙春卷

🥬 主料
春卷皮 250 克，红豆沙 100 克

🧂 调料
色拉油 1 小勺，水淀粉 1 大勺

✏️ 制作方法 •
① 取春卷皮，在春卷皮的 1/3 处放红豆沙，从靠近红豆沙的一边开始轻轻卷起，把两头的春卷皮向中间折，封住两端的开口，再在封口处抹一些水淀粉粘牢。
② 把春卷皮全部卷好。
③ 平底锅里倒入色拉油，加热后放入春卷，煎至两面金黄即可。

👨‍🍳 温馨提示 •
自己制作春卷皮太麻烦，在超市或者菜市场买现成的就可以。

奶香玉米羹

🥬 主料
玉米 1 根，鸡蛋 2 个，牛奶 200 毫升，火腿肠 50 克

🧂 调料
白糖 20 克，水淀粉 1 大勺

✏️ 制作方法 •
① 玉米洗净，剥皮，取玉米粒。火腿肠切粒。
② 把玉米粒放进料理机里，倒入牛奶，打碎。
③ 鸡蛋磕入碗里，搅打成鸡蛋液。
④ 锅里加水煮开，倒入打好的牛奶玉米，中火煮沸后转小火煮至黏稠，加入火腿肠粒烧开，再加入白糖、水淀粉搅拌。
⑤ 慢慢地淋入鸡蛋液，搅匀即可。

👨‍🍳 温馨提示 •
取玉米粒时可以用手剥，也可以用刀切。

薄饼鸡肉卷 + 热豆浆

难度：★ ★ ☆

薄饼鸡肉卷

🌿 主料
薄饼 2 张，生鸡胸肉 100 克，生菜 5 片，番茄 1 个，黄瓜 1/2 根

➕ 调料
盐 1/2 小勺，色拉油 1 小勺，玉米淀粉 1 大勺

🥢 制作方法

① 将生鸡胸肉切成厚片，加入盐、玉米淀粉、水，搅拌均匀，腌 15 分钟。将生菜、番茄、黄瓜洗净，分别切成条。将薄饼放入微波炉中加热 30 秒，取出。锅里倒入油烧热，放入腌好的生鸡胸肉片炒熟，出锅备用。

② 将加热后的薄饼打开，依次放入生菜条、番茄条、黄瓜条、熟鸡胸肉片，用薄饼卷紧，切开食用即可。

热豆浆

🌿 主料
黄豆 50 克，黑豆 50 克

🥢 制作方法
将提前一天泡好的黄豆和黑豆放入豆浆机中，打成豆浆，煮熟后装杯即可。

👨‍🍳 温馨提示
① 黄豆和黑豆需要提前一天泡好。
② 豆浆最好喝新鲜的，一次不要做得太多。

健康油条 + 花样豆浆

 难度：★ ★ ☆

健康油条

🌿 主料
高筋面粉 500 克，鸡蛋 4 个

🧂 调料
色拉油 4 大勺，盐 1/2 小勺

✒️ 制作方法 ▸

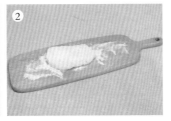

① 在高筋面粉中加入鸡蛋、盐和水，搅拌均匀后加入色拉油，揉成面团，将揉好的面团盖上保鲜膜，醒发 30 分钟。
② 在面板上撒一些面粉（分量外），把醒好的面团取出，置于面板上，擀成厚一些的面饼，然后扫去多余的面粉，将面团切成条状。取两块切好的条状面团，上下堆叠，用筷子在中间轻压一下。将压好的油条面坯轻轻抻长，顺着锅边轻轻滑入热油锅中，炸至呈金黄色，捞出控油即可。

花样豆浆

🌿 主料
黄豆、红豆、黑豆各 50 克

✒️ 制作方法 ▸
将提前一天泡好的黄豆、红豆、黑豆放入豆浆机中，打成豆浆，煮熟后装杯即可。

👨‍🍳 温馨提示 ▸
可以直接在超市或网上购买花样豆浆原料包，前一天晚上拿出一小袋，打开后泡在碗里，第二天直接倒在豆浆机中即可做出花样豆浆。

糯米烧卖 + 二豆浆

 难度：★★★

🌿 主料

面粉 200 克，糯米 200 克，鸡全腿 1 只，香菇 120 克，胡萝卜 100 克，洋葱 80 克，黄豆 1/2 杯，绿豆 1/2 杯

🧂 调料

姜末 10 克，料酒 2 小勺，生抽 1 大勺，老抽 1/2 小勺，蚝油 1 大勺，植物油 1 大勺

✏️ 制作方法

① 糯米洗净，用清水浸泡 12 小时后倒掉水，上锅大火蒸 30 分钟。

② 面粉中加入 140 克 80～90℃的水，揉成面团，盖上保鲜膜，醒发 30 分钟。

③ 将洋葱、胡萝卜、香菇分别洗净，切成小丁。鸡全腿去骨取肉，切成小丁。炒锅里倒入植物油烧热，加入姜末炒香，放入洋葱丁小火炒香，倒入鸡肉丁大火炒至变色，淋入料酒，翻炒均匀。

④ 倒入香菇丁、胡萝卜丁炒匀，调入生抽、老抽、蚝油，小火炒匀。

⑤ 倒入蒸好的糯米饭，炒匀制成烧卖馅。

⑥ 取出面团，切成一个个小剂子，擀成面皮，放上烧卖馅，收拢，用手的虎口处将上端稍微攥紧。依次做好其他的烧卖。取一个大平盘，刷上油，放上烧卖，开水上屉蒸 10 分钟。将提前一天泡好的黄豆和绿豆洗净后放入豆浆机中，打成豆浆，煮熟后装杯即可。

👨‍🍳 温馨提示

炒烧卖馅的时候建议用不粘锅来炒，既省油又方便。

煎饼果子 + 牛奶

 难度：★★☆

主料

绿豆60克,小米20克,生菜15克,火腿2根,油条1/2根,鸡蛋2～3个,牛奶250毫升

调料

甜面酱1小勺,腐乳1/4块,小葱10克

制作方法

① 将绿豆放入搅拌机中打成粉，倒入大碗中。小米也用搅拌机打成粉，与绿豆粉混合，放入225克的水搅拌均匀。

② 用滤网过滤绿豆小米浆，滤网上的渣去掉不用。小葱洗净，切成葱花。火腿切成条。腐乳碾碎，与甜面酱一起调匀制成甜面酱腐乳汁。油条放入烤箱中烤酥脆。鸡蛋打在碗中，搅拌均匀成鸡蛋液。

③ 用小火加热平底锅，温热时倒入②中过滤后的绿豆小米浆，一次倒入的量以转开可铺满锅底为宜，转动锅底。

④ 待饼底可以剥离锅底时，轻轻翻面，在饼皮表面倒入鸡蛋液，摊开，撒上葱花。

⑤ 待蛋液略凝固时翻面，刷上甜面酱腐乳汁，放上油条、生菜、火腿条，卷起来即可。将牛奶热好，配煎饼果子上桌。

温馨提示

如果嫌磨粉太麻烦，可以购买现成的绿豆粉和小米粉。

素三鲜包 + 糯米红豆粥

🔊 难度：★ ★ ★

素三鲜包

🌿 **主料**

面粉 150 克，鲜香菇 100 克，水发黑木耳 100 克，鸡蛋 3 个

🧂 **调料**

盐 1/2 小勺，葱 2 段，酵母 4 克，十三香 5 克，花椒油 1/2 小勺，食用油 1 大勺

✏️ **制作方法** •

① 水发黑木耳洗净，切碎。鸡蛋用少许食用油炒熟，切碎。葱切成葱花。

② 鲜香菇洗净，放入开水锅中焯熟，切成丁。香菇丁、鸡蛋碎中加入剩余的食用油以及十三香、花椒油、盐搅拌，再加入黑木耳碎、葱花拌匀，制成馅。面粉加入温水（面粉和水的比例为 2 : 1）和酵母，和成面团，静置发酵备用。发酵好的面团分成剂子，擀皮，包馅，做成包子。依次做好其余的包子。包子放入蒸锅上汽后大火蒸 15 分钟，关火闷 5 分钟即可。

糯米红豆粥

🌿 **主料**

糯米 50 克，红豆 50 克

✏️ **制作方法** •

① 将糯米、红豆清洗干净。红豆提前一天用水浸泡开。

② 锅中倒入水烧开，放入糯米、红豆，熬成米粥即可。

👨‍🍳 **温馨提示** •

为了提高效率，让红豆能够快速煮熟，可以提前一天将红豆洗净，用水浸泡开。

鱼子反卷

难度：★★☆

主料

米饭1小碗，腌萝卜1条，黄瓜1条，V形蟹足棒1条，牛蒡1条，寿司海苔1张

调料

熟黑芝麻、熟白芝麻各2小勺，香油1小勺，盐1克，沙拉酱20克，鱼子20～30克

制作方法

① 将刚蒸好的米饭放凉至温热，撒上盐、熟黑芝麻、熟白芝麻和香油，充分拌匀。

② 铺好寿司帘，铺上一层保鲜膜，再铺上寿司海苔。注意糙面朝上，海苔的纹理和寿司帘的卷曲方向要一致。

③ 将拌好的米饭均匀地平铺到海苔上，压紧实，注意四周适当留边。

④ 再盖上一层保鲜膜。

⑤ 将铺好米饭的海苔翻转过来，揭掉最上面的一层保鲜膜。

⑥ 将腌萝卜、黄瓜、V形蟹足棒和牛蒡放到海苔的1/3处。

⑦ 兜起寿司帘，将食材盖起来，然后扣下来，卷成圆柱形。

⑧ 揭掉保鲜膜，切成8份，放到盘中，挤上沙拉酱，撒上鱼子加以点缀即可。

温馨提示

① 米饭里加了香油和熟芝麻，味道非常好，能激发孩子的食欲。也可以用做寿司的醋饭来制作这道菜。

② 反卷中添加了多种食材，美味升级，营养加倍。

③ 挤上沙拉酱后，既可以加上肉松、鱼子，又可以盖上芝士片。当然，还可以撒上炸得酥脆的土豆丝。

③ 反卷包裹的食材可以根据自己的口味进行调节。

椒香牛肉蛋炒饭

难度：★ ★ ☆

🌿 主料

米饭1碗，牛肉120克，青椒、红椒各1/4个，鸡蛋1个

🧂 调料

小香葱1根，盐2克，蚝油1小勺，胡椒粉0.2克，淀粉3克，黑胡椒碎0.2克，香油1小勺，橄榄油1大勺

✏️ 制作方法

① 准备好米饭。鸡蛋磕入碗中，搅拌均匀。小香葱洗净，切成葱花。青椒、红椒去蒂及籽，切成粒。

② 将牛肉切成薄片，放入蚝油、胡椒粉和淀粉抓匀，腌制入味。

③ 锅烧热，放入橄榄油，倒入打散的蛋液滑熟，待鸡蛋成形后盛出。

④ 锅中加入橄榄油，放入腌好的牛肉片，撒上黑胡椒碎，滑炒至牛肉片变色后盛出。

⑤ 锅中放入葱花爆香，放入青椒粒、红椒粒翻炒均匀，倒入米饭翻炒。

⑥ 将鸡蛋和牛肉片倒入锅中，加入盐和香油，炒匀后关火。

⑦ 盛入盘中食用即可。

👨‍🍳 温馨提示

① 将牛肉切成薄片，既容易炒熟，又适合给孩子吃。也可以用卤好的熟牛肉来炒制。

② 牛肉片较薄，滑炒至变色即可盛出。注意：炒制时用筷子将肉片分开，以保证肉片熟透。

③ 给牛肉炒饭提味的关键是加入黑胡椒碎。

芝麻三文鱼排 + 法式吐司

难度：★ ★ ☆

法式吐司

主料
吐司2片，鸡蛋2个，牛奶100毫升

调料
肉桂粉0.5克，黄油15克，莓果酱1大勺

制作方法

① 准备好吐司片，将吐司片一切为二。
② 将牛奶和鸡蛋放入容器中，撒上肉桂粉，搅打均匀后过筛。
③ 将吐司片放到蛋奶液中，浸泡至软。
④ 锅加热，加入黄油，放入吐司片，煎至两面金黄。
⑤ 将吐司片盛出，放入盘中，淋上莓果酱即可。

温馨提示

① 蛋奶液营养丰富，奶香浓郁，过筛后更细滑。
② 吐司片装入盘中，可以淋上莓果酱，也可以筛上糖粉。

芝麻三文鱼排

主料
三文鱼排1块，蛋白20克

调料
黑芝麻、白芝麻各1大勺，盐1克，现磨黑胡椒碎0.3克，柠檬汁数滴，橄榄油1大勺

制作方法

① 在三文鱼排上撒上盐、现磨黑胡椒碎，倒入柠檬汁，腌制入味。蛋白用电动打蛋器打发均匀。
② 腌好的鱼排蘸上打匀的蛋白液，均匀地裹上黑芝麻、白芝麻。将鱼排均匀地切几刀，注意别切断，使鱼排的底部相连。
③ 锅烧热，加入橄榄油，将鱼排两面各煎约2分钟，盛出，顺着原来的刀口将鱼排切成条即可。

甜甜圈 + 麦片早餐奶

难度：★ ★ ★

麦片早餐奶

主料
坚果谷物麦片 100 克，丹麦酸奶 1 杯

调料
葵花籽油 2 小勺，黄糖 2 小勺，枫糖浆 2 小勺

制作方法

① 将坚果谷物麦片盛入碗中。
② 将黄糖、葵花籽油和枫糖浆倒入盛麦片的碗中搅拌均匀，使麦片均匀地裹上油和糖浆。
③ 将麦片平摊在烤盘中。
④ 烤箱设定至 120℃，烤盘置于烤箱中层，上下火，烤约 2 小时，将麦片烤至香脆。中途记得翻动一下，防止麦片粘在一起或焦煳。
⑤ 将麦片放凉，搭配丹麦酸奶食用。

温馨提示
① 可以用加了坚果和果干的坚果谷物麦片，也可以用普通的即食麦片，自行搭配喜欢的坚果和果干就好。
② 低温慢烤是因为里面有大的坚果，怕焦煳。
③ 黄糖可用红糖代替，枫糖浆可以用蜂蜜代替。
④ 剩余的麦片可以放到密封罐中，随吃随取。记得一定要放凉再装罐，注意防潮。
⑤ 丹麦酸奶在大型商超有售。

甜甜圈

主料
高筋面粉 150 克，低筋面粉 100 克，奶粉 10 克，全蛋液 33 克

调料
细砂糖 30 克，盐 2 克，泡打粉 2 克，即发酵母 3 克，无盐黄油 40 克，色拉油 500 毫升

制作方法
① 将高筋面粉、低筋面粉、奶粉、细砂糖、盐和泡打粉放入料理盆中。即发酵母用 100 克水化开，加入全蛋液，混合均匀后同料理盆中的材料一起倒入厨师机搅拌桶中，低速搅拌，混合成团后揉至面团有光泽，加入无盐黄油，揉至扩展阶段，即可以用手拉出薄膜。
② 在料理盆壁上涂抹少许无盐黄油（分量外），把揉好的面团放入其中，盖上保鲜膜，进行第一次发酵，发酵至原来的两倍大。将面团排气，松弛后擀平，用甜甜圈模具压出环状造型，进入最后发酵阶段。
③ 锅中倒入色拉油，烧至 170～180℃，将发酵好的甜甜圈放入，转小火，不断翻面，炸至呈金黄色，捞出沥油即可。

枣香黑米浆 + 滑蛋鱼子三明治

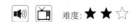 难度：★★☆

滑蛋鱼子三明治

主料
小餐包 2 个，鸡蛋 2 个，牛奶 50 克

调料
盐 1 克，香葱末 2 克，鱼子 2 小勺，橄榄油 15 克

制作方法

① 将小餐包切成片。
② 将鸡蛋磕入碗中，倒入牛奶，加入盐，搅拌均匀。
③ 将一半的橄榄油倒入锅中，润滑锅底，放入面包片烙至两面呈金黄色，取出。
④ 锅中倒入剩余的橄榄油，倒入牛奶蛋液滑炒至基本凝固，撒上香葱末，盛出。
⑤ 将牛奶蛋放到面包片上，撒上鱼子即可。

温馨提示

① 蛋液中加入牛奶会更香、更嫩滑，有很好的补钙作用。
② 滑炒时，记得火要小一些，以免影响滑蛋的口感。

枣香黑米浆

主料
粳米 1/2 杯，血糯米 1/2 杯，花生 30 克，去核大红枣 5 颗

调料
细砂糖 2 小勺

制作方法

① 将粳米和血糯米洗净，浸泡一夜。
② 把花生、去核大红枣以及泡好的粳米和血糯米一起放入豆浆机中，倒入清水至最高水位线以下。
③ 以豆浆模式搅打完成，加热成熟，盛出后加入细砂糖搅匀即可。

温馨提示

米浆中加入红枣和花生，除可增加营养外，还具有很好的增香作用，使普通的米浆口感提升。

春意稻禾寿司 + 青菜饭团

难度：★ ★ ☆

青菜饭团

主料
小油菜 200 克，胡萝卜碎 30 克，米饭 1 小碗

调料
香油 2 小勺，鸡精 1 克，盐 1 克，熟白芝麻 2 小勺，盐水小半碗，欧芹碎 5 克

制作方法

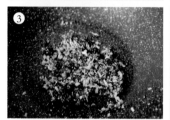

① 小油菜清洗干净，去掉根部。
② 将小油菜切成碎，备用。
③ 锅烧热，倒入 2 小勺香油，放入胡萝卜碎，再放入小油菜碎翻炒，加入盐，直至水分炒干后关火，加入鸡精调味，放入熟白芝麻翻炒均匀。
④ 准备好米饭，放凉至温热。
⑤ 取一张保鲜膜，铺在手掌上，放上米饭，拍成饼状，兜起来，中间放上炒好的蔬菜馅，盖上米饭。
⑥ 将保鲜膜拧紧，使其中的饭团呈圆球形，去除保鲜膜，用净手蘸少许盐水团成饭团。
⑦ 将欧芹碎点缀在饭团上即可。

春意稻禾寿司

主料
稻禾寿司皮1包，鸡蛋1个，胡萝卜片 20 克，火腿 1 片，米饭 1 碗

调料
黑芝麻、白芝麻各 3 克，寿司醋 2 小勺，欧芹梗 20 克

制作方法

① 将蒸好的米饭中趁热加入寿司醋，拌匀后放凉至30℃左右。
② 锅内放入鸡蛋，不加油，摊成薄饼，切成碎。将欧芹梗和胡萝卜片放入开水锅中焯烫一下，切成碎。将火腿切成碎。
③ 将蔬菜、火腿末、黑芝麻、白芝麻放到醋饭中拌匀，填入稻禾寿司皮中即可。

温馨提示

稻禾寿司皮可以买到现成的，如果买不到现成的稻禾寿司皮，可以用油豆腐，加入高汤、糖、酒和酱油煮！已经煮至入味的稻禾寿司皮口味纯正又方便。

午餐——孩子的能量营养加油站

午餐在一日三餐中起着承上启下的作用。孩子经过一上午的学习和活动，从早餐中获得的能量和营养物质逐渐被消耗，到了中午时，需要及时进行补充，才能为下午提供能量和营养素。午餐提供的能量应占全天所需总能量的30％~40％。营养全面的午餐应包含谷类（薯类）、动物性食物、蔬菜、水果。

Q 午餐的营养搭配原则有哪些？

A ①荤素搭配。选择荤菜的时候可以选择鸡肉、鱼肉等"白肉"，也可以选择牛肉和猪肉等"红肉"，肉类含有丰富的蛋白质和脂肪，同时还有钙、铁，可以提高孩子的思维能力、记忆力和理解力。

②粗细搭配。粗是指大米和面粉以外的粗粮，包括玉米、紫米、高粱、燕麦、荞麦、麦麸以及各种干豆类，如黄豆、青豆、红小豆、绿豆等，粗粮含有膳食纤维和B族维生素。米饭可做成二米饭，比如大米和小米，大米和红小豆，大米和紫米等。

③干稀搭配。午餐不妨来点粥或者汤。粥和汤是很容易消化且健康美味的食物，在吃饭的时候喝粥或汤，可以防止干硬的食物刺激消化道的黏膜，同时还能增加饱腹感，防止孩子因为饥饿感过于强烈而出现暴饮暴食。

Q 午餐与早餐应该间隔多长时间？

A 早餐与午餐间隔时间应根据食物在胃内排空的时间来确定。早餐时吃的食物种类不同，排空的速度也不同。稀的食物比稠的、固体食物排空快。含碳水化合物多的食物比含蛋白质和脂肪多的食物排空快。一般来说，胃排空时间为4~5小时，因此，孩子的午餐安排在11：30~13：30比较适宜。

小黄瓜拌猪肝 + 蚬子黄瓜鸡蛋汤

 难度：★ ★ ☆

蚬子黄瓜鸡蛋汤

主料
海蚬 500 克，鸡蛋 3 个，黄瓜 1 根，韭菜 1 小把

调料
盐 4 克，色拉油 1 小勺，小葱 1 根，香油 1 小勺，鲜味酱油 2 小勺，香醋 3 滴

制作方法

 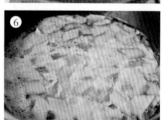

① 将海蚬清洗干净。小葱切葱花。黄瓜切成片。韭菜切段。
② 锅中倒入水，加入 2 克盐，烧至八九成开，放入海蚬，待海蚬开口后捞出，去壳。将海蚬肉放到原汤中，用筷子顺时针搅拌冲洗，捞出后将汤澄清，再次用筷子搅拌冲洗，如此重复 3 遍，将蚬子肉洗净至无泥沙等脏物，盛入碗中备用。
③ 锅中倒入色拉油烧热，加入葱花爆香，放入黄瓜片，加鲜味酱油炒匀。
④ 将煮蚬子的原汤澄清，倒入锅中，烧开。
⑤ 将蚬子中加入鸡蛋后搅拌均匀。
⑥ 锅中汤开后，倒入蚬子鸡蛋液，待鸡蛋稍微凝固后，用铲子轻推锅底。
⑦ 烧开后加入韭菜段，关火，放入剩余的盐以及香油、香醋调味即可。

小黄瓜拌猪肝

主料
猪肝 1 块，小黄瓜 1 根

调料
盐 5 克，八角 1 个，花椒 2 克，葱段、姜片各 20 克，料酒 2 大勺，鲜味酱油 1 大勺，香醋 2 小勺，香油 1 小勺，蒜米 1 小勺

制作方法

① 将猪肝用清水浸泡 1 ~ 2 小时，中间换两次水。
② 将盐、八角、花椒、葱段、姜片和料酒放入锅中，倒入适量的水。将锅中的水烧至 40 ℃左右时，放入猪肝，烧开后转小火煮约 15 分钟。
③ 关火，闷制。待水温降至 20℃时，捞出猪肝，切成片。将黄瓜拍碎，切成小段，与猪肝片一起拌匀，再放入鲜味酱油、香醋、香油和蒜米调味即可。

煎扒芝麻茄墩 + 豌豆番茄虾仁泡饭

 难度：★★☆

豌豆番茄虾仁泡饭

主料
鲜虾 12 只，番茄 1 个，鸡蛋 2 个，豌豆 30 克，米饭 1 小碗

调料
小香葱 1 根，鸡汤 1 小碗，盐 2 克，胡椒粉 0.3 克，料酒 1 小勺，淀粉 1 小勺，橄榄油 1 大勺

制作方法

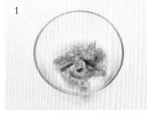

① 将鲜虾去头、壳，在背部剖一刀，去掉虾线，放入 1 克盐、胡椒粉和料酒，加入淀粉抓匀，腌制入味。
② 准备好米饭。鸡蛋磕入碗中，打成蛋液。小香葱切成末。
③ 将番茄去皮，切成丁。
④ 锅中倒入橄榄油，烧至四五成热，放入虾仁滑熟至变色，盛出。
⑤ 用锅中底油将香葱末炒香，放入番茄丁炒出汤汁。
⑥ 倒入鸡汤，放入豌豆煮开，加入 1 克盐。
⑦ 倒入米饭，烧至米饭吸饱汤汁，将打散的蛋液倒入锅中。
⑧ 待蛋液稍微凝固后推炒均匀。关火，用锅的余温将蛋液烘熟，盛出即可。

煎扒芝麻茄墩

主料
长茄子 1/2 根

调料
橄榄油 2 小勺，烧烤酱 2 小勺，熟白芝麻 2 小勺

制作方法
① 将长茄子洗净去蒂，切成 0.8 ~ 1 厘米厚的茄墩。
② 煎扒锅烧热，倒入橄榄油，放入茄墩，小火煎扒至变色，翻面煎制。
③ 将两面煎好的茄墩刷上烧烤酱，撒上熟白芝麻即可。

温馨提示
① 根据茄墩的厚度调节煎制的时间。记得用小火，以免煎不透或焦糊。
② 烧烤酱的口味根据孩子的口味来调整。
③ 煎好的茄子美味多汁，又带一点点韧劲，很是下饭。

小里脊炒双花 + 鸡肉麻酱拌面

鸡肉麻酱拌面

⚡ 主料
刀削面150克，鸡胸肉1块，绿豆芽20克，黄瓜1/4根，胡萝卜20克

🧂 调料
盐2克，料酒2小勺，小香葱、姜片各15克，香油1小勺
● 麻酱汁
芝麻酱2小勺，凉开水3大勺，蚝油1小勺，鱼露1/2小勺，腐乳汁1小勺

🥢 制作方法 •

① 将鸡胸肉清洗干净，冷水下锅，放入盐、料酒、小香葱、姜片烧开，撇净浮沫，将鸡胸肉煮至成熟。
② 将黄瓜和胡萝卜切丝。绿豆芽择去根部。将熟鸡胸肉稍微放凉，切成片。将黄瓜丝、胡萝卜丝和绿豆芽放入开水锅中焯烫一下后捞出。
③ 将芝麻酱用3大勺凉开水澥开，加入蚝油、鱼露和腐乳汁调味。
④ 锅置火上，加水烧开，放入刀削面煮熟，捞出放入凉开水中过凉，加入香油拌匀。
⑤ 将鸡胸肉片、黄瓜丝、胡萝卜丝和绿豆芽码到面上，淋上麻酱汁拌匀即可。

👨‍🍳 温馨提示 •
① 鸡胸肉片要提前入味，加入料酒、小香葱、姜片，便于去腥。
② 根据芝麻酱的浓稠决定加凉开水的量，调味后就成为百搭酱，也可以涮肉涮菜时用。

小里脊炒双花

⚡ 主料
西蓝花150克，菜花150克，里脊肉片50克

🧂 调料
大蒜2瓣，蚝油2小勺，水淀粉1大勺，香油1小勺，橄榄油1大勺

🥢 制作方法 •
① 将西蓝花和菜花掰成小朵，放入开水锅中焯一下后捞出，备用。大蒜切成片。
② 锅烧热，倒入橄榄油，放入里脊肉片炒至变色，加入蒜片爆香。
③ 放入西蓝花和菜花翻炒，加入蚝油调味，用水淀粉勾薄芡，淋入香油炒匀，盛出即可。

鱼子青瓜卷 + 什锦鸡蛋豆腐

难度：★ ★ ☆

什锦鸡蛋豆腐

🌿 主料
鸡蛋 2 个，干香菇仔 2 朵，黄瓜 1/3 根，胡萝卜 1 小段，大明虾 2 只，鱿鱼 20 克

🧂 调料
鸡汤 1 小碗，盐 2 克，水淀粉 1 大勺，香油 1 小勺，香菜叶少许

🖊 制作方法

① 将鸡蛋磕入碗中，倒入 60 毫升凉开水搅打均匀，加入 1 克盐搅拌均匀。
② 将蛋液过筛，倒入硅胶蒸蛋器中，盖上盖子，凉水入锅，水开后蒸 5 ~ 8 分钟至蛋液蒸熟凝固。
③ 将大明虾去头、壳、虾线，片成两片后切成虾粒。
④ 将干香菇仔洗净泡发，切成小粒。黄瓜去瓤，和胡萝卜、鱿鱼一起切成小粒，备用。
⑤ 锅中倒入鸡汤，先放入胡萝卜粒和香菇粒煮 2 分钟，再放入黄瓜粒、鱿鱼粒和虾粒，调入 1 克盐，煮至虾粒变色，汤沸腾后加入水淀粉勾薄芡，烧至浓稠。关火淋上香油。
⑥ 蒸蛋器倒扣，将鸡蛋豆腐脱模。
⑦ 把烧好的什锦汤汁淋到鸡蛋豆腐上，用香菜叶点缀即可。

鱼子青瓜卷

🌿 主料
嫩黄瓜 1 根，米饭 1 小碗

🧂 调料
寿司醋 1 小勺，飞鱼子 2 小勺

🖊 制作方法
① 将米饭放上寿司醋拌匀，放凉至人体的温度。
② 嫩黄瓜洗净、去皮，用料理器削成薄片。
③ 将醋饭捏成同黄瓜片一样宽度的饭团，把黄瓜片卷到饭团上，点缀上飞鱼子即可。

👨‍🍳 温馨提示
青瓜卷的黄瓜片尽量切得薄一些；卷起来的瓜片用自身的汁液就能粘起来；黄瓜配鱼子很清爽。

鱼头豆腐汤 + 红烩鱼片

难度：★★☆

红烩鱼片

🌿 主料
红鲷鱼1条，番茄2个，洋葱1/4个，青豆20克，面粉20克

🧂 调料
大蒜3瓣，盐3.5克，白胡椒粉0.3克，番茄酱1大勺，高汤1碗，橄榄油1大勺

✏️ 制作方法

① 鲷鱼治净，取净肉，撒上2克盐和白胡椒粉腌制入味。

② 将番茄去皮后切成丁。将洋葱切成丁。将大蒜切成片。

③ 腌好的鱼片拭干水，两面薄薄地裹上一层面粉。将不粘锅烧热，倒入橄榄油，放入鱼片，煎至两面金黄后盛出。

④ 用锅中底油将蒜片爆香，放入洋葱丁和番茄丁翻炒出红汤汁，加入番茄酱炒匀。

⑤ 倒入高汤，大火烧开后转小火，将番茄丁炖烂，直至汤汁稍微浓稠。

⑥ 放入鱼片和青豆，加入剩余的盐调味，将鱼片煨至入味、汤汁收浓，关火即成。

👨‍🍳 温馨提示

① 烩鱼片一定要选用肉质紧实、少刺的鱼肉。

② 记得用大蒜爆锅，因为蒜香和番茄味非常搭。

③ 番茄要用熟透、多汁的。

④ 要选用新鲜的鱼头，提前腌制可以去腥。鱼头煎过，加入开水，可以将汤汁炖得奶白上色。

⑤ 将红烩鱼片淋在米饭上食用更佳。

鱼头豆腐汤

🌿 主料
新鲜三文鱼头1/2个，豆腐150克，小油菜心4棵

🧂 调料
盐2克，胡椒粉0.3克，料酒1小勺，橄榄油1大勺

✏️ 制作方法

① 将新鲜三文鱼头斩件，加入1克盐、胡椒粉和料酒腌制入味。豆腐切成小块。

② 不粘锅烧热，放入橄榄油，将腌好的鱼头拭干水，放到锅中煎至两面呈金黄色。

③ 将锅中倒入开水，放入豆腐块，大火烧开后转小火慢炖至汤白浓稠，放入小油菜心，关火，加入剩余的盐调味即可。

溏心蛋 + 猪软骨拉面

难度：★☆☆

猪软骨拉面

主料

猪软骨 400 克，拉面 1 把，卷心菜叶 2 片，豆芽 60 克，笋 1 根

调料

葱段、姜片各 10 克，卤排骨料包 1 个，鲜味酱油 1 大勺，盐 4 克，葱花少许

制作方法

① 猪软骨洗干净，用清水浸泡 1 ~ 2 小时，去除血污。将猪软骨切块，放入高压煲，加入适量的水，放入卤排骨料包、葱段、姜片、鲜味酱油和盐。

② 将猪软骨卤熟，备用。

③ 将笋切丝，卷心菜叶清洗后撕成片，和豆芽、笋丝一起放入开水锅中焯烫，沥水备用。

④ 将拉面煮熟，用凉开水过凉后捞出，放到碗中。

⑤ 将软骨放到面上，浇上卤汤，搭配烫好的蔬菜和溏心蛋，撒上葱花食用即可。

温馨提示

① 猪软骨要用高压煲压熟，既方便孩子食用，又能补充钙和胶原蛋白。

② 搭配孩子爱吃的蔬菜即可。

③ 拉面煮熟后过凉，可以保证筋道的口感。

溏心蛋

主料

鸡蛋 1 个

制作方法

① 煮蛋前要把鸡蛋置于室温下。

② 鸡蛋冷水下锅，水量以没过鸡蛋为佳。水开后计时，煮 4 ~ 5 分钟，以便控制蛋黄的成熟度。

③ 煮蛋的时候要看管，边煮边滚，这样煮出来的蛋，蛋黄会在鸡蛋的中间。

④ 鸡蛋煮好后捞出来，用凉开水拔凉，这样较容易剥壳。

温馨提示

水煮蛋看似简单，其实大有学问，煮蛋的时间决定了蛋黄的成熟度，也影响着鸡蛋的口感。溏心蛋的煮制时间为 4 ~ 5 分钟，7 分钟煮成的为半熟蛋，10 分钟煮成的则是全熟蛋。

鸡蛋沙拉三明治便当 🔊 难度：★ ☆ ☆

🌿 主料
吐司面包3片，鸡蛋2个，圆火腿2片，土豆、胡萝卜各50克，生菜叶3片

🧂 调料
盐1/2小勺，黑胡椒粉1/2小勺，沙拉酱1大勺

✏️ 制作方法 •
① 鸡蛋煮熟，切成粒，撒入盐和黑胡椒粉，再加入沙拉酱拌匀。生菜叶洗净。
② 圆火腿切粒。土豆、胡萝卜分别去皮洗净，上锅蒸熟，碾成泥。将火腿粒、土豆泥、胡萝卜泥放入鸡蛋沙拉中，拌匀。
③ 吐司面包薄薄地涂抹一层沙拉酱，放入鸡蛋沙拉和生菜叶，盖上一片吐司面包，对半切开，摆入盛器中即可。

👨‍🍳 温馨提示 •
煮熟的鸡蛋放凉后，更容易切成粒。

小白兔可爱便当 🔊 难度：★ ☆ ☆

🌿 主料
米饭1碗，广式腊肠1根，土豆1个，生菜、胡萝卜各1片，西蓝花30克，圣女果1个，鸡蛋1个，海苔1片

🧂 调料
盐1/2小勺，胡椒粉1/2小勺，植物油1小勺

✏️ 制作方法 •
① 腊肠煮熟，切薄片。用米饭做出小白兔的造型，用海苔做出眼睛和嘴巴的形状，再用胡萝卜片做个蝴蝶结。
② 鸡蛋打散，平底锅中放油，倒入蛋液煎成蛋饼，然后盛出，放入生菜和腊肠片，卷起来，切成小段，放在米饭旁边。
③ 西蓝花洗净，放入开水锅中焯熟后放在米饭的旁边。土豆洗净，去皮，切成块，用盐稍微腌一下，用平底锅煎熟，同样放在米饭的旁边。圣女果洗净，对半切开，放在米饭上，再撒上胡椒粉即可。

👨‍🍳 温馨提示 •
土豆切成块以后，加盐稍微腌一下，可以去除一些水分，也能让土豆更入味。

菠萝咕咾肉配芝麻大米饭便当

 难度：★ ★ ☆

主料

五花肉 300 克，菠萝 50 克，红椒 1 个，青椒 1 个，鸡蛋 1 个，大米 100 克

调料

黑芝麻 3 克，番茄酱 1 大勺，醋 1 小勺，白糖 10 克，料酒 1 小勺，盐 1/2 小勺，淀粉 20 克，水淀粉 5 克，色拉油 3 大勺

制作方法 ·

① 菠萝洗净，切成小块，浸泡在淡盐水（分量外）中。红椒和青椒洗净，去蒂、籽，切菱形块。五花肉洗净，切成小块，放入盐、料酒，腌 15 分钟。鸡蛋去壳，打散成鸡蛋液，加入淀粉制成芡糊，将腌好的五花肉块放入芡糊中挂糊。

② 锅内倒入油，烧至五成热，放入五花肉块炸至呈金黄色，捞出。油锅再用大火烧热，倒入炸好的五花肉块复炸一遍，捞出沥油。锅中留底油，放入菠萝块煸炒，倒入番茄酱、醋、白糖、清水、炸肉块、青椒块、红椒块炒匀，放入水淀粉勾芡，使食材都挂上芡。将大米淘洗干净，放入电饭锅，加水蒸熟，撒上黑芝麻即可。

温馨提示 ·

五花肉块复炸一次，更易成形，不会变软、变黏。

黄豆烧排骨配米饭便当

 难度：★ ☆ ☆

主料

新鲜排骨 150 克，黄豆 100 克，大米 100 克

调料

姜 1 块，干辣椒 10 克，熟黑芝麻 3 克，豆瓣酱 1 小勺，老抽 1 小勺，八角 2 个，食用油 1 大勺

制作方法 ·

① 黄豆在温水中浸泡 3 小时以上，洗净并沥水。排骨斩成小块。姜切末。干辣椒切段。

② 炒锅置火上，倒油烧热，下入姜末、干辣椒段爆香，放入排骨块炒至变色。

③ 先加入豆瓣酱、老抽、八角翻炒 2 分钟，再下入黄豆炒至收汁，加清水至刚没过锅内的食材，盖上锅盖，中火炖煮 25 分钟。将大米淘洗干净，放入电饭锅。锅里再放入水，水与米的比例为 1 : 1，蒸熟，最后撒上熟黑芝麻即可。

咖喱鳕鱼配二米饭便当

🔊 难度：★☆☆

🌿 **主料**

鳕鱼块 200 克，胡萝卜 1 根，土豆 1 个，大米 50 克，小米 30 克

🧂 **调料**

蒜 2 瓣，咖喱酱 150 克，咖喱粉 20 克，盐 1/2 小勺，食用油 1 大勺，黑芝麻、白芝麻各少许

✏️ **制作方法**

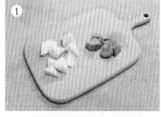

① 土豆、胡萝卜分别洗净，去皮，切块。蒜洗净，切末。

② 锅内倒入油烧热，放入土豆块和胡萝卜块翻炒，炒至土豆呈现微微透明时加入咖喱酱、咖喱粉、蒜末、盐。

③ 炒匀后放入鳕鱼块，加水，煮开后转中小火，炖 8 分钟左右，盛出。将大米、小米分别淘洗干净，放入电饭锅中。锅里加入清水，水与米的比例为 1：1，做熟，分别撒上黑芝麻和白芝麻即可。

酱爆鲜鱿鱼配米饭便当

🔊 难度：★☆☆

🌿 **主料**

小鱿鱼 200 克，大米 100 克，苦苣少许

🧂 **调料**

姜末 30 克，料酒 10 毫升，海鲜酱 30 克，蒜末 20 克，葱花 20 克，蚝油 20 毫升，盐 3 克，花椒油 5 毫升，白糖 3 克，食用油 1 大勺

✏️ **制作方法**

① 将小鱿鱼改花刀，切成小块，放入加了料酒的沸水锅中余烫一下，捞出沥干，备用。

② 将海鲜酱、蚝油、盐、花椒油、白糖放入碗中，搅拌均匀，制成料汁。

③ 锅置火上，倒入食用油，爆香姜末、蒜末、葱花，下入料汁，熬成酱汁后下入鱿鱼块，炒匀，盛出。大米淘洗干净，放入电饭锅中，放入水，大米与水的比例为 1：1，做熟后与酱爆鱿鱼一起放入便当盒中，放苦苣点缀即可。

鲜虾炒鸡蛋肉末配 二米饭便当

 难度：★ ☆ ☆

主料

鲜虾 150 克，肉末 50 克，鸡蛋 2 个，大米 50 克，小米 30 克，豌豆 30 克

调料

葱花 20 克，料酒 10 毫升，盐 3 克，食用油 1 大勺，黑芝麻、白芝麻各少许

制作方法

① 鲜虾汆烫后去壳，去虾线，切成粒。肉末放入热油锅中炒熟，备用。

② 鸡蛋去壳，搅匀成蛋液。另取一炒锅，加少许油烧热，倒入蛋液翻炒。

③ 待鸡蛋炒熟后加入葱花、虾仁、肉末、豌豆煸炒，烹入料酒，加入盐，翻炒一会儿即可出锅。将大米、小米分别淘洗干净，放入电饭锅中。锅里加入清水，水与米的比例为 1：1，做熟，撒上黑芝麻、白芝麻即可。

卤鸭腿配米饭便当

难度：★ ☆ ☆

主料

鸭腿 1 只，大米 100 克，时令青菜 150 克

调料

生抽 35 毫升，冰糖 10 克，老抽 20 毫升，香叶 4 片，八角 3 个，干辣椒 2 个，盐 3 克，黑芝麻少许

制作方法

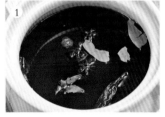 

① 砂锅中依次加入八角、香叶、干辣椒、老抽、生抽、冰糖、盐，倒入适量清水，放入鸭腿腌 2 小时。

② 将腌鸭腿的砂锅置于火上，大火煮沸，用勺子撇去浮沫，改用小火炖 40 分钟即可关火。大米淘洗干净，放入电饭锅中，加入水，大米与水的比例为 1：1，做熟后撒上黑芝麻即可。时令青菜洗净后用开水烫熟，搭配鸭腿和米饭一起食用即可。

温馨提示

鸭腿可以多腌制一会儿。在腌制的时候可以将鸭腿翻面，方便腌得更入味。

腊味酱油炒饭 + 胡萝卜牛奶

 难度：★ ★ ☆

腊味酱油炒饭

主料

米饭 200 克，腊肠 100 克，洋葱 1/2 个，胡萝卜 1/2 根

调料

白糖 20 克，酱油 1 小勺，植物油 1/2 大勺

制作方法

① 腊肠、胡萝卜和洋葱分别切丁。把白糖和酱油放入小碗中，搅拌均匀成料汁。

② 锅置于火上预热，倒入油烧热，倒入洋葱丁、胡萝卜丁、腊肠丁，大火炒香。倒入米饭翻炒片刻，加入调好的料汁，炒匀即可。

胡萝卜牛奶

主料

胡萝卜 1 根，牛奶 250 毫升

调料

蜂蜜 1 小勺

制作方法

① 胡萝卜洗净，切成小薄片，蒸熟。

② 将牛奶和蒸好的胡萝卜片放入榨汁机中打匀，加蜂蜜调味即可。

温馨提示

① 胡萝卜和牛奶的用量比例可以根据自己的喜好调整。

② 胡萝卜要提前蒸熟，这样打出来的胡萝卜牛奶会更香甜。

扬州炒饭 + 番茄蛋花汤

 难度：★ ★ ☆

扬州炒饭

主料

米饭 300 克，虾仁 100 克，生菜 5 片，胡萝卜 1/2 根，火腿肠 30 克，鸡蛋 1 个

调料

白胡椒粉 1/2 小勺，盐 1/2 小勺，色拉油 1 大勺

制作方法 •

① 将鸡蛋磕入米饭中，搅拌均匀备用。

② 虾仁切丁。生菜、胡萝卜、火腿肠分别切丝。炒锅置火上烧热，倒入色拉油，加入虾仁丁，大火翻炒后盛出备用。锅内留底油，倒入裹匀蛋液的米饭，大火翻炒，待米饭炒干后放入切好的胡萝卜丝、火腿丝、生菜丝和炒过的虾仁丁，翻炒至熟后加盐、白胡椒粉翻炒均匀即可。

番茄蛋花汤

主料

鸡蛋 2 个，番茄 1 个

调料

盐 1/2 小勺，香油 1 小勺

制作方法 •

① 将番茄洗净，切片。鸡蛋磕入碗中，打成鸡蛋液。

② 取汤锅，放入 1 碗水，加入盐，大火煮开，放入切好的番茄片煮一会儿，倒入打散的鸡蛋液制成蛋花汤，等再次开锅后滴入香油即可出锅。

温馨提示 •

也可将番茄炒一下再加水煮开，汤的味道会更香浓。

什锦炒饭 + 紫菜蛋花汤

 难度：★ ★ ☆

什锦炒饭

主料
米饭 200 克，黄瓜 50 克，火腿肠 30 克，胡萝卜 30 克，鸡蛋 1 个

调料
盐 1/2 小勺，食用油 1 大勺

制作方法

① 火腿肠、胡萝卜、黄瓜分别切小丁。鸡蛋磕入碗中，打散成蛋液备用。
② 炒锅放少许油烧热，倒入蛋液炒成碎丁，盛出。
③ 炒锅烧热，倒入油加热后，放入胡萝卜丁翻炒至软，然后加入米饭翻炒，再撒入盐调味，接着将米饭炒散。
④ 最后加入火腿丁、黄瓜丁和炒好的鸡蛋碎，翻炒均匀即可。

温馨提示
胡萝卜丁也可以先用开水焯熟，炒的时间就缩短了很多，也更出味。

紫菜蛋花汤

主料
鸡蛋 1 个，紫菜 10 克

调料
盐 1/2 小勺，白胡椒粉 1/2 小勺，香油 1 小勺

制作方法
① 锅里倒入 1 碗水，加盐、白胡椒粉，大火烧开后放入紫菜和打散的鸡蛋液。
② 等再次开锅后滴入香油即可。

温馨提示
如果喜欢吃香菜，也可以加点香菜碎增香。

鳄梨香蕉牛奶 + 火腿蔬菜意面沙拉

 难度：★★☆

鳄梨香蕉牛奶

🌿 主料
鳄梨 1 个，香蕉 1/2 根，牛奶 1 杯

🧂 调料
蜂蜜 1 小勺，薄荷叶少许

✏️ 制作方法
① 将鳄梨去皮去核，切块。
② 将香蕉去皮，切小块。
③ 把香蕉块和鳄梨块放入料理机中，倒入牛奶，搅打至细腻，加入蜂蜜后再开机搅打 2 秒钟，打至均匀，倒入杯中，用薄荷叶装饰即可。

👨‍🍳 温馨提示
鳄梨营养丰富，加入香蕉和牛奶更是能量满满！用蜂蜜调味后美味无比。

火腿蔬菜意面沙拉

🌿 主料
彩色螺旋意面 100 克，胡萝卜片 20 克，火腿 1 大片，黄瓜 1 小段，小番茄 2 个，生菜叶少许

🧂 调料
蛋黄酱 2 大勺，盐 1 克，柠檬汁数滴，黑胡椒碎 0.2 克，欧芹叶少许

✏️ 制作方法

① 意面煮熟，关火前 1~2 分钟放入胡萝卜片同煮。将煮好的意面同胡萝卜片一起盛出，用凉开水过凉。
② 将火腿、黄瓜和小番茄切片。
③ 将意面和胡萝卜片沥水。
④ 将黄瓜片、小番茄片、胡萝卜片和火腿片放入意面中。
⑤ 挤上蛋黄酱，加入柠檬汁、盐和黑胡椒碎。
⑥ 搅拌均匀，点缀生菜叶、欧芹叶即可。

👨‍🍳 温馨提示
① 意面用凉开水过凉后可以保持好口感。
② 酱料可以换成孩子喜欢的其他口味。

晚餐——清淡好消化，助眠好营养

晚餐与次日早餐间隔时间很长，所提供的能量应能满足晚间活动和夜间睡眠的能量需要，所以晚餐在孩子的一日三餐中也占有重要的地位。晚餐提供的能量应占全天所需总能量的30％～40％。父母们在给孩子准备晚餐时，需精心安排，要做一些易于消化、能量适中的食物，如豆制品、瘦肉、鱼类、菌菇类、蔬菜类等。

Q 安排晚餐时要注意什么？

A 晚餐不宜吃得太多，一般情况下孩子在晚上活动量较少，能量消耗低，如果晚餐吃得太多，多余的能量就会转化成脂肪储存在体内，导致孩子体重增加甚至肥胖。此外，晚餐吃得过多，会加重消化系统的负担，使大脑保持活跃，妨碍孩子的睡眠或导致夜间多梦等。因此，晚餐一定要适量，少吃含脂肪高的食物，要饮食清淡，吃易消化的食物。

Q 晚餐应安排在几点？

A 一般情况下，晚餐安排在18：00～20：00之间进行比较适宜。太早的话孩子还没有感到饿，会影响食欲，容易吃一点儿就饱了，临到睡觉前又会感到饥饿。如果太晚也不行，吃完的食物还没有来得及消化完全就睡觉了，会影响胃的排空，也会影响肠道对食物的充分消化吸收。

此外，晚餐时间以30分钟左右为宜，如果晚餐进餐时间过短，不利于消化液的分泌，也不利于消化液和食物的充分混合，会影响食物的消化吸收；而进餐时间太长，孩子容易过量进食。因此，晚餐应定时定量，进餐时应细嚼慢咽，不宜过饥或过饱。

大虾原味拌饭 + 腰果菠菜

 难度：★★☆

大虾原味拌饭

🌿 主料
大虾3只，米饭1碗

🧂 调料
姜1块，葱1段，料酒1大勺，酱油、蚝油各1小勺，白糖、盐各1/2小勺，色拉油1大勺

🥄 制作方法 ●

① 姜和葱均切丝。大虾洗净，开背，去虾线。

② 锅里倒入色拉油，放入姜丝爆香，把大虾放进去煎一下，然后烹入料酒，盛出备用。锅留底油，放入葱丝，倒入蚝油、酱油，撒白糖、盐后，加入水，放入煎好的大虾。烧开后用小火煨一下收汁，即可盛出与米饭拌食。

腰果菠菜

🌿 主料
菠菜300克，腰果50克

🧂 调料
盐1/2小勺，米醋1/2小勺，海鲜酱油1小勺，食用油1大勺

🥄 制作方法 ●

① 菠菜择洗干净，切成小段。腰果放入油锅中炸熟，捞出，切成两半，备用。

② 菠菜段下到开水锅中焯烫熟，捞出冲凉后放入盆中。加入腰果、米醋、盐、海鲜酱油调味即可。

👨‍🍳 温馨提示 ●

菠菜不能烫得太熟。水开后入锅，待水再开的时候即可捞出。

干巴菌火腿炒饭 + 果粒酸奶

难度：★ ★ ☆

干巴菌火腿炒饭

主料
米饭 300 克，火腿丁 50 克，干巴菌 50 克，青椒 30 克

调料
小米辣 30 克，蒜 2 瓣，盐 1/2 小勺，香油 1 小勺，色拉油 1/2 大勺

制作方法 ·

① 青椒、小米辣洗净，切丁。蒜切片。
② 干巴菌洗净，撕成丝。炒锅中加香油烧热，然后放入干巴菌丝炒出香味，加入盐调味，起锅备用。
③ 炒锅内放入色拉油，烧热后下入蒜片、青椒丁、小米辣丁炒香。
④ 再放入干巴菌丝、火腿丁翻炒几下，接着加入米饭炒热，加入盐调味即可。

温馨提示 ·
干巴菌尽量撕得小一点儿，炒去水分，味道会更香醇。

果粒酸奶

主料
酸奶 1 盒，水果若干

制作方法 ·
将水果去皮洗净，切小块，撒入酸奶中即可。

温馨提示 ·
超市购买的果粒酸奶中的水果粒不仅口感欠佳，营养价值也大打折扣。如果有时间尽量自己制作。

菠萝炒饭 + 蜂蜜番茄汁

 难度：★ ★ ☆

菠萝炒饭

主料
菠萝 1 个，米饭 200 克，鸡蛋 2 个，腰果 30 克，玉米粒 50 克，豌豆 50 克

调料
盐 1/2 小勺，植物油 2 小勺

制作方法

① 将菠萝对半切开，挖出果肉，切成 1 厘米见方的小块，用淡盐水（分量外）浸泡。

② 豌豆、玉米粒放入开水锅中焯烫后捞出，备用。鸡蛋加少量清水，打成蛋液。

③ 炒锅中加油，烧至六成热，倒入鸡蛋液炒成鸡蛋碎，盛出备用。

④ 锅中加入油烧热，放入豌豆、玉米粒翻炒片刻，加入盐、米饭一起翻炒均匀。再将菠萝丁放入锅中，翻炒至菠萝丁和米饭充分混合，加入鸡蛋碎翻炒片刻，最后加入腰果翻炒几下，即可出锅。

温馨提示
菠萝在炒制之前应在盐水里浸泡半小时左右，以去除涩味和致敏物质。

蜂蜜番茄汁

主料
番茄 1 个

调料
蜂蜜 1 小勺

制作方法

① 将番茄洗净，放入热水中烫一下，撕掉外皮，然后切成小块，放入榨汁机中打匀。

② 加入蜂蜜调匀即可饮用。

温馨提示
如果不喜欢太稠的口感，可以加入三分之一的纯净水稀释。注意一定要加纯净水，做出的成品口感更清爽。

番茄奶酪乌冬面 + 菠菜金枪鱼饭团

 难度：★ ★ ☆

番茄奶酪乌冬面

🌿 主料
乌冬面200克，番茄2个，鱼豆腐1包，煮鸡蛋1个，小洋葱2个，奶酪1片，玉米粒30克，芦笋6根

🧂 调料
番茄酱15克，橄榄油1小勺

✏️ 制作方法
① 番茄洗净，切成块，放进料理机里打成糊。小洋葱洗净，切成丝。芦笋洗净，切成粒。
② 锅内倒入油，小火烧热，放入番茄糊、番茄酱、洋葱丝，翻炒2分钟。
③ 加入水、奶酪，大火煮开，再放入乌冬面和鱼豆腐中火煮到面条七八分熟。
④ 放入玉米粒、芦笋粒，继续煮到面条熟透，然后关火，盛入碗里。熟鸡蛋剥掉外壳，对半切开，放到面碗里即可。

菠菜金枪鱼饭团

🌿 主料
米饭1碗，菠菜叶50克，洋葱1/2个，胡萝卜20克，罐装金枪鱼肉50克

🧂 调料
色拉油1小勺，盐1/2小勺，黑胡椒粉1/2小勺

✏️ 制作方法
① 菠菜叶洗净，烫软，挤干水，切碎。金枪鱼肉沥干汤汁。
② 洋葱、胡萝卜洗净，切碎。
③ 锅内倒入油烧热，下入胡萝卜碎、洋葱碎和金枪鱼肉翻炒，放入菠菜碎炒几秒钟，关火。
④ 往锅里倒入米饭，加入盐、黑胡椒粉拌匀，做成大小适中的饭团即可。

培根黑胡椒原汁拌饭 + 生拌莜麦菜

 难度：★★☆

培根黑胡椒原汁拌饭

主料
培根2片，洋葱1个，米饭1碗

调料
黑胡椒粉1/2小勺，黄油10克，黑芝麻少许，杭椒2个

制作方法

① 杭椒洗净，切小段。洋葱去皮，洗净，切丁。培根对半切开。
② 锅置火上，放入黄油加热至化开，放入培根略煎即出锅。锅内留油，爆香杭椒段和洋葱丁，加入煎好的培根，撒黑胡椒粉，翻炒出锅，与米饭拌匀，撒黑芝麻即可。

温馨提示
最好买市售的培根片，以免自己切的培根薄厚不均，煎的时候难以掌握火候。

生拌莜麦菜

主料
莜麦菜250克

调料
盐1/2小勺，蚝油1小勺

制作方法
① 将莜麦菜洗净，切段。
② 将莜麦菜用盐和蚝油调味，与做好的培根黑胡椒原汁拌饭一起食用即可。

温馨提示
莜麦菜可以直接生吃，也可以加入大蒜、洋葱等食材，它们具有一定的杀菌作用。

素什锦原味拌饭 + 清炒西蓝花

难度：★ ★ ☆

素什锦原味拌饭

🌿 主料
杏鲍菇100克，土豆1个，胡萝卜1根，芹菜50克，洋葱1/2个，米饭1碗

🧂 调料
蒜2瓣，姜2片，黄油30克，黑胡椒粉1/2小勺，蚝油10克，盐1/2小勺，生抽1小勺

🥢 制作方法

① 洋葱切丁。杏鲍菇、土豆、胡萝卜、芹菜分别切条。蒜洗净，切片。

② 炒锅置于火上烧热，放入黄油加热至化开，下入洋葱丁、蒜片、姜片炒香，再加入土豆条、胡萝卜条、杏鲍菇条煸炒，炒熟后加入盐、生抽、蚝油、黑胡椒粉，翻炒均匀。加入芹菜条，翻炒至熟，出锅与米饭拌匀即可。

清炒西蓝花

🌿 主料
西蓝花250克

🧂 调料
葱1段，蒜2瓣，橄榄油1小勺，盐1/2小勺

🥢 制作方法
① 西蓝花洗净，掰小朵，放入开水锅中焯烫，捞出沥干。

② 葱洗净，切末。蒜剥皮，洗净，切末。

③ 炒锅加橄榄油烧热，先下入葱末、蒜末爆香，再下入西蓝花快炒，加盐即可。

👨‍🍳 温馨提示
① 西蓝花不要焯太长时间。

② 可以在开水里加一点儿盐和油，西蓝花的颜色会更翠绿、好看。

台湾卤肉原汁拌饭 + 爽口黄瓜

🔊 难度：★ ★ ☆

台湾卤肉原汁拌饭

🌿 主料
五花肉 200 克，紫皮洋葱 1 个，干香菇 5 朵，米饭 1 碗

🧂 调料
姜 1 块，蒜 2 瓣，料酒 1 小勺，生抽 1 小勺，老抽 1 小勺，五香粉 5 克，八角 2 个，干辣椒 2 个，冰糖、盐各 1/2 小勺，食用油 1 大勺，黑芝麻、香葱碎各少许

✏️ 制作方法

① 紫皮洋葱去皮，洗净，切碎。干香菇泡发后切片。姜切丝。蒜切片。五花肉洗净，切细条，入沸水锅中氽烫 2 分钟，捞出。
② 油锅烧热，下入姜丝、蒜片、香菇片、洋葱碎翻炒。倒入五花肉条，炒至肉变白，加入老抽、生抽、料酒、五香粉、八角、干辣椒、冰糖，翻炒均匀。加入温水、盐，大火煮开，小火慢炖 1 小时，盛出放在米饭上，撒黑芝麻、香葱碎即可。

爽口黄瓜

🌿 主料
黄瓜 1 根

🧂 调料
盐 1/2 小勺

✏️ 制作方法
① 黄瓜洗净后切成薄片。
② 将黄瓜片放入碗中，加盐调味即可。

👨‍🍳 温馨提示
黄瓜尾部含有较多的苦味素，苦味素对人体有益，所以，最好不要把黄瓜尾部全部丢掉。

蜜汁鸡翅原汁拌饭 + 青椒土豆丝

难度:★★☆

蜜汁鸡翅原汁拌饭

🌿 主料
鸡翅6个,米饭1碗

🧂 调料
姜1块,蚝油30毫升,老抽25毫升,蜂蜜50克,食用油1大勺,黑芝麻少许

🖊 制作方法 •

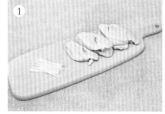

① 鸡翅洗净,两面各切2刀。姜洗净,切丝。
② 锅内倒入油烧热,下入姜丝炒片刻,放入鸡翅,煎至鸡翅两面微黄、肉熟。将蜂蜜、蚝油、老抽分别倒入锅中,加水,盖锅盖焖到汁剩余少许。用原汁拌米饭,撒上黑芝麻,搭配鸡翅一起食用即可。

青椒土豆丝

🌿 主料
土豆200克,青椒1个

🧂 调料
葱1段,橄榄油1小勺,盐1/2小勺

🖊 制作方法 •

① 土豆洗净,去皮,切丝,用清水浸泡。
② 青椒掰开,去籽、蒂,洗净后切丝。葱洗净,切成丝。
③ 将土豆丝、青椒丝分别下入开水锅中焯烫至断生,放入盆中,加葱丝,用橄榄油、盐调味即可。

👨‍🍳 温馨提示 •

也可将土豆丝、青椒丝放入锅中,用大火翻炒后出锅,也很好吃。

卤鸡腿原汁拌饭 + 清炒四季豆

 难度：★ ★ ☆

卤鸡腿原汁拌饭

主料
鸡腿4只，米饭1碗，苦苣、胡萝卜丁各少许

调料
生抽、老抽各1小勺，冰糖25克，八角3个，香叶4片，干辣椒2个，葱1段，盐1/2小勺，红辣椒1个

制作方法 •

① 砂锅中依次加入八角、香叶、干辣椒、葱段、老抽、生抽、冰糖、盐，再加入适量清水。鸡腿洗净后放入砂锅中，泡制两个小时。

② 将盛有鸡腿的砂锅放在灶上煮沸，用勺子撇去浮起的泡沫，再用小火煮20分钟，盛出，放在米饭上，放苦苣、红辣椒和胡萝卜丁点缀即可。

温馨提示 •
鸡腿不要煮太久，煮到鸡肉熟、鸡皮仍保持完整即可。

清炒四季豆

主料
四季豆250克

调料
葱1段，蒜2瓣，橄榄油1小勺，盐1/2小勺

制作方法 •

① 四季豆择洗干净，切成小丁。蒜去皮，切片。葱洗净，切末。

② 锅置火上，放入橄榄油烧热，下入葱末和蒜片爆香，再下入四季豆丁，翻炒至熟透。

③ 出锅前用盐调味，搭配卤鸡腿原汁拌饭食用即可。

温馨提示 •
四季豆一定要炒熟，不然会中毒。为安全起见，四季豆在炒之前可先放入开水中煮至八分熟。

牛排原汁拌饭 + 韩国泡菜

🔊 难度：★ ★ ☆

牛排原汁拌饭

🌿 **主料**

牛排 1 块，米饭 1 碗，熟豌豆、苦苣各少许

🧂 **调料**

黑椒汁 100 毫升，黄油 80 克，胡椒粉 10 克，盐 1/2 小勺，料酒 1 大勺，黑芝麻少许

🥄 **制作方法** ◦

① 牛排洗净，用胡椒粉、盐、料酒腌制 20 分钟。

② 不粘锅置火上，放入 70 克黄油，熬至黄油化开。放入牛排，先煎至一面上色，再翻面煎至另一面上色。另取一锅，加入 10 克黄油熬至化开，加入黑椒汁，炒香后淋在牛排上，出锅放在米饭上，撒黑芝麻，放上豌豆和苦苣点缀即可。

韩国泡菜

🌿 **主料**

大白菜 100 克

🧂 **调料**

香葱 1 根，蒜 2 瓣，白糖 5 克，韩式糖稀 10 克，辣椒粉 10 克，盐 1/2 小勺，姜汁 10 毫升，香油 1 小勺

🥄 **制作方法** ◦

① 白菜洗净，切小块，加盐腌制 15 分钟。香葱洗净，切丝。蒜洗净，切末。

② 白菜挤出水，加入葱丝、蒜末、白糖、姜汁，搅拌均匀。

③ 然后加入韩式糖稀、辣椒粉，用手抓拌均匀。

④ 最后淋入香油即可。

鳕鱼原味拌饭 + 姜丝腐乳空心菜

 难度：★ ★ ☆

鳕鱼原味拌饭

🌿 主料
鳕鱼 250 克，米饭 1 碗，面粉适量

🧂 调料
姜 1 块，日式烧汁 10 毫升，盐 1/2 小勺，黑胡椒粉 10 克，食用油 1 大勺，黄油 20 克

✒️ 制作方法

① 鳕鱼洗净。姜洗净，切末。鳕鱼拍一薄层面粉，放入加了油并烧热的平底锅中煎一下，撒盐，盛出备用。

② 炒锅内放入黄油，加热至化开，倒入姜末、黑胡椒粉炒出香味。倒入日式烧汁，烧开后加入开水，放入煎好的鳕鱼略微烧一下，即可盛出与米饭拌食。

姜丝腐乳空心菜

🌿 主料
空心菜 300 克

🧂 调料
姜 1 块，腐乳 50 克，食用油 1 大勺

✒️ 制作方法

① 姜切丝。空心菜洗净，去掉老叶，切成段。

② 锅内放入油，烧热后倒入姜丝炒香，放入切好的空心菜段，翻炒均匀后加入腐乳，再次炒匀即可出锅。

👨‍🍳 温馨提示
清洗空心菜时最好使用流水，这样能将菜叶清洗得更干净。

香煎鸡蛋拌饭 + 生拌苦苣

 难度：★ ★ ☆

香煎鸡蛋拌饭

🌿 **主料**
鸡蛋2个，米饭1碗

🧂 **调料**
鲜味汁1小勺，盐1/2小勺，食用油1大勺，黑芝麻少许

✏️ **制作方法** ·

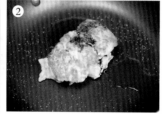

① 鸡蛋磕入碗中，略打一下，随后放入平底锅中用油煎熟。
② 在煎熟的鸡蛋上倒入鲜味汁和盐，再用小火略煎。将煎好的鸡蛋连同烧汁一起倒在米饭上，撒黑芝麻即可。

👨‍🍳 **温馨提示** ·
煎鸡蛋时一定要用小火，否则很容易上演中间还没熟、边上已经糊了的惨剧。

生拌苦苣

🌿 **主料**
苦苣1棵

🧂 **调料**
橄榄油1小勺，盐1/2小勺

✏️ **制作方法** ·
① 苦苣择洗干净，控干水。
② 将苦苣放入盆中，加盐、橄榄油调味。
③ 将拌好的苦苣放入盛器中，与香煎鸡蛋拌饭一起食用即可。

👨‍🍳 **温馨提示** ·
如果家里没有橄榄油，也可以用熟色拉油或香油来代替。

青酱虾仁拌面 + 彩椒黄瓜沙拉

 难度：★ ★ ☆

青酱虾仁拌面

🌿 主料
虾仁 100 克，意大利面 200
克，松仁 30 克

🧂 调料
新鲜罗勒叶 60 克，色拉油
1 大勺，橄榄油 1 小勺，芝
士粉 1/2 小勺，黑胡椒碎
1/2 小勺，盐 1/2 小勺，料
酒 1 小勺，蒜 2 瓣

🥄 制作方法
① 松仁均匀地摆入烤盘中，放入烤箱里，150℃烤 6 分钟。蒜
  剥去外皮。虾仁加少许盐、料酒拌匀，腌制 15 分钟。
② 新鲜罗勒叶洗净，放入料理杯里，然后依次放入少许橄榄油、
  松仁、少许盐、黑胡椒碎、蒜和芝士粉，搅打成糊状的青酱。
③ 锅里倒入水烧开，再加入剩余的橄榄油和剩余的盐，下入意
  大利面煮 15 分钟，捞出，迅速过凉水。
④ 锅烧热，放入色拉油，再放入虾仁翻炒，等虾仁炒至变色，
  放入煮好的意大利面和青酱拌匀即可。

彩椒黄瓜沙拉

🌿 主料
红椒、黄椒、小黄瓜各 50
克，苦苣 1 棵

🧂 调料
沙拉酱 30 克，柠檬汁 20 克，
盐 1/2 小勺

🥄 制作方法
① 把沙拉酱、柠檬汁、盐拌匀制成沙拉酱料。
② 红椒、黄椒均去蒂、去籽，清洗干净，切成小片。小黄瓜洗净，
  切成薄片。苦苣去掉根部，清洗干净，切成段。
③ 将红椒片、黄椒片、小黄瓜片、苦苣段放在沙拉碗里，加入
  沙拉酱料拌匀即可。

👨‍🍳 温馨提示
红椒、黄椒均斜着切，切成薄一点儿的片，更容易入味。

奶汤蛤蜊娃娃菜 + 洋葱寿喜牛

 难度：★ ★ ☆

奶汤蛤蜊娃娃菜

主料

蛤蜊 200 克，娃娃菜 1 棵，
牛奶 30 毫升，鸡蛋 2 个

调料

盐 2 克，色拉油 1 大勺

制作方法

① 将蛤蜊洗净。锅中倒入水，加入盐，待水烧至八九成开时
　下入蛤蜊，煮至开口后立即捞出。待稍微放凉后去壳取肉，
　将蛤蜊原汤澄清，备用。鸡蛋磕入碗中，搅打均匀。娃娃菜
　清洗干净，切成长条。

② 锅烧热，放入色拉油，倒入打匀的蛋液，将鸡蛋滑炒至半凝
　固，倒入蛤蜊原汤，再加少许水，放入娃娃菜条，倒入牛奶。

③ 将汤烧开，待娃娃菜条变软后加盐调味，放入蛤蜊肉后关火。

洋葱寿喜牛

主料

牛肉片 250 克，白皮洋葱
1/2 个，柴鱼片 30 克，海
苔碎适量，米饭 1 碗

调料

葱段、姜片各 15 克，酱油
1 大勺，味醂 1 大勺，米酒
1 小勺，糖 1 小勺，盐 2 克，
熟白芝麻 1 小勺

制作方法

① 将葱段、姜片和柴鱼片放到汤锅中，倒入250毫升水，烧5～8
　分钟后关火，将柴鱼片浸泡半小时后滤出汤汁。

② 汤汁里加入酱油、味醂、米酒、糖和盐调味。

③ 将白皮洋葱洗净，去皮后切成丝。

④ 将调好的汤汁倒入锅中，把切好的洋葱丝倒入锅中，煮开。

⑤ 放入牛肉片，煮至变色、入味后关火。

⑥ 盛出后撒上熟白芝麻，配米饭食用，米饭上撒海苔碎装饰
　即可。

温馨提示

① 制作寿喜牛用白皮洋葱最合适，口感好、汁水多。

② 寿喜牛的料汁可以根据孩子的口味稍加调整，适口为佳。

老汤卤牛腱 + 五色炒米线

难度：★ ★ ☆

五色炒米线

主料
米线 1 包，卷心菜叶 2 片，胡萝卜 1/3 根，洋葱 1/2 个，笋 1 小根，猪肉 30 克，圣女果 3 个，西蓝花适量

调料
大蒜 15 克，橄榄油 2 小勺，鲜味酱油 2 小勺，盐 1 克，香油 1 小勺

制作方法

① 将卷心菜叶、胡萝卜、洋葱、笋处理好，切成丝。猪肉切成丝。大蒜切成片。圣女果洗净，切成片。西蓝花放入开水锅中焯一下，捞出备用。
② 将米线去掉包装，放入容器中，用微波炉高火加热 3 分钟，取出。
③ 不粘锅烧热，倒入橄榄油，加入肉丝煸炒，放入蒜片煸香。
④ 将胡萝卜丝、洋葱丝放入锅中翻炒。
⑤ 把笋丝和卷心菜丝放入锅中，翻炒至所有蔬菜变软，放入盐和鲜味酱油。
⑥ 把米线放入锅中，用筷子炒拌至变软入味。
⑦ 淋入香油后关火，装入盛器中。用圣女果和西蓝花点缀即成。

老汤卤牛腱

主料
牛腱肉 2 块

调料
卤料包 1 个，老汤 500 克，盐适量，酱油 1 大勺，老抽 2 小勺

制作方法
① 将牛腱肉洗净，用清水浸泡半天，换 2 ~ 3 次水，泡去血水。
② 将卤料包和老汤放入锅中，添加适量的水，放入盐、酱油和老抽调味。
③ 放入牛腱肉，大火烧开后撇净浮沫，中小火慢炖 1.5 小时，关火。将牛腱肉在汤中浸泡一夜至入味，待凉透后切片食用即可。

瓜丝虾仁软饼套餐

 难度：★ ★ ☆

🌿 主料

鸡蛋 2 个，面粉 70 克，吊瓜 200 克，熟虾 10 只，巧克力 25 克，牛奶 250 克，桃子 2 个

🧂 调料

酵母 4 克，盐 1/2 小勺，胡椒粉 1/4 小勺，植物油 1 小勺，番茄沙司 1 大勺

🥄 制作方法

① 鸡蛋磕入盆里，加入酵母搅打均匀，再加入面粉搅打均匀，盖上盖，放入冰箱冷藏一夜。

② 吊瓜洗净，去皮，擦成细丝，放入冷藏好的蛋糊中，加入盐和胡椒粉，搅拌均匀。熟虾剥去壳，去虾线。

③ 平底锅里倒入植物油烧热，取少量蛋糊，放入锅里摊成圆形。

④ 待表面半凝固时放上虾仁，稍加按压使

其粘牢。盖上锅盖略煎，打开锅盖轻轻翻面，再盖上锅盖，煎至两面金黄上色即可，依次煎好其他的瓜丝虾仁软饼。

⑤ 牛奶倒入奶锅中加热备用。巧克力掰成小块，放入杯中，少量多次地加入热牛奶，搅成细滑的巧克力奶。桃子洗净，去皮，切成块，摆入小盘中。将瓜丝虾仁软饼盛入盘中，蘸番茄沙司一起食用即可。

👨‍🍳 温馨提示

在巧克力中加入热牛奶时，刚开始一定要少量多次地加，搅匀后再加下一次，这样才能搅出细滑的巧克力奶。

 56

叁。

营养特效餐

让孩子健康成长

蛋白质——让孩子长身体的营养素

Q 蛋白质对孩子生长发育有哪些作用？

A 蛋白质是构成人体细胞、组织和器官的重要成分，蛋白质约占体重的16%。孩子生长过程中组织、器官的生长发育，身体各种损伤的修补，生病后的恢复，以及体内细胞和组织的更新，都需要合成大量的蛋白质。比如构成携带和运输氧气的血红蛋白，构成维持肌肉收缩的肌纤凝蛋白、肌钙蛋白、肌动蛋白等。蛋白质也是构成体内酶和激素的重要成分，酶和激素参与和调节体内物质代谢和生理生化过程。蛋白质还是构成抗体的重要物质。

孩子处于生长发育阶段，蛋白质的需要量相对成人多，因为他们不但需要蛋白质来补充日常代谢的丢失，还需要它来供给生长中不断增加的新组织。

如果孩子三餐膳食中蛋白质摄入不足，就会发生蛋白质缺乏现象，组织蛋白的分解大于合成，会造成孩子发育迟缓、抵抗力减弱、贫血、营养不良性水肿，甚至会影响大脑功能。但是蛋白质摄入过量也不行，这会增加消化系统负担，引起消化不良，导致小儿厌食症、小儿疳疾等疾病。

Q 哪些食物可以提供蛋白质？

A 蛋白质的食物来源可分为植物性和动物性两大类。在植物蛋白质中，谷类含蛋白质8%左右，常作为主食，因此也是膳食蛋白质的重要来源。此外，豆类含丰富的蛋白质，特别是大豆中的蛋白质含量高达35%～40%，氨基酸组成也比较合理，在人体内的利用率较高，是植物蛋白质中的优质来源。在动物蛋白质中，蛋类含蛋白质11%～14%，奶类（如牛奶）一般含蛋白质3%～3.5%，氨基酸组成比较平衡；肉类包括禽肉、畜肉和鱼虾，含蛋白质15%～22%。这些都是优质蛋白质的重要来源。

Q 补充蛋白质就要多吃肉，这个说法对吗？

A 一般而言，动物肉的蛋白质的营养价值的确要优于植物蛋白质。由于植物蛋白质往往缺少某些必需氨基酸，因此营养价值相对较低。应该让孩子多吃优质蛋白质，优质蛋白质包括动物蛋白质和大豆蛋白质两类，这两类蛋白质应占膳食蛋白质总量的30%～50%。但要注意的是，动物性食品含脂肪、胆固醇较高，尤其是猪肉，因此也不是吃肉越多越好。

常见食物的蛋白质含量

食物	含量（克/100克）	食物	含量（克/100克）
黄豆	35.0	鸭肉	15.5
奶酪	25.7	鸡蛋	13.3
绿豆	21.6	猪肉（肥瘦）	13.2
猪肉（瘦）	20.3	小麦粉（特一粉）	10.3
牛肉（肥瘦）	19.9	小米	9.0
鸡	19.3	面条	8.3
羊肉（肥瘦）	19.0	豆腐	8.1

注：引自杨月欣主编《中国食物成分表（第2版）》，2009

酸甜排骨

 难度：★★☆

主料

排骨 350 克

调料

番茄酱 1 大勺，玉米淀粉 1 小勺，白糖 1/2 小勺，香醋 1 小勺，水淀粉 1 大勺，盐 1 小勺，色拉油 3 大勺，香菜叶少许

制作方法

① 排骨洗净，斩成小块，加少许盐腌制 15 分钟，加入玉米淀粉，抓匀。

② 在水淀粉中加入番茄酱、白糖、香醋、盐，调匀成酱汁。

③ 锅内加色拉油，烧热，放入排骨，大火炸至排骨表面呈金黄色时捞出，沥油。

④ 锅内留少量底油，倒入酱汁搅匀，中火煮至酱汁浓稠。

⑤ 将炸好的排骨放入酱汁里，迅速翻炒至排骨均匀地裹上酱汁，捞出后摆盘，用香菜叶点缀即可。

温馨提示

排骨腌制的时间不要太长，也不能炸得太干。

柠香羊排

 难度：★☆☆

🌿 主料
带骨羊排 3 块

🧂 调料
姜片 3 片，盐 2 克，米酒 2 小勺，鲜味酱油 2 小勺，糖 1/2 小勺，柠檬汁 2 小勺，青柠檬 2 片，黄油 8 克

🥄 制作方法

① 带骨羊排放入水中浸泡，去除血水，沥干水。

② 将带骨羊排放到锅中，加入米酒、姜片和盐，炖煮约 1 小时至熟烂。

③ 将鲜味酱油、糖、青柠檬片和柠檬汁混合均匀，制成酱汁。将煮好的带骨羊排放入酱汁中，腌制入味。烤箱预热至 200℃。将腌好的带骨羊排的两面刷上化开的黄油，放到烤架上，置于烤箱中层，上下火，烤 10～15 分钟，直至上色、有香味即可。

👨‍🍳 温馨提示

① 羊排煮得烂一些，更适合孩子食用。

② 柠檬汁能去膻增香，为烤羊排增色不少。

③ 上桌时，用烤好的圣女果、柠檬块、苦苣点缀即可。

蛋包饭

难度：★★☆

🌿 主料
鸡蛋 3 个，米饭 2 碗，虾仁 10 只，胡萝卜 1/4 根，豌豆 100 克，甜玉米粒 100 克，腊肠 1 根，紫洋葱 1/4 个，圣女果 2 个，西蓝花 2 朵

🧂 调料
盐 1/2 小勺，生抽 1 大勺，料酒 1 小勺，玉米淀粉 1/2 大勺，番茄沙司适量，植物油 1 大勺，柠檬片适量

🥄 制作方法

① 虾仁洗净。腊肠、洋葱、胡萝卜分别切小丁。圣女果对半切开。西蓝花放入开水锅中焯一下。取 2 个鸡蛋磕入碗中，打散成蛋液。玉米淀粉加 1 大勺水调匀，倒入蛋液中搅匀，备用。虾仁加少许盐、料酒拌匀，腌制 5 分钟。将腌好的虾仁放入油锅中炒至变色后盛出。

② 腊肠丁用小火炒至脂肪变得透明，盛出。剩下的油中放入洋葱丁、胡萝卜丁、甜玉米粒、豌豆，加少许盐，炒熟盛出。

③ 将 1 个鸡蛋磕入碗中，打散成蛋液，倒入锅内炒散。再倒入米饭炒散。加入剩余的盐、生抽及炒好的所有食材，翻炒至米饭颗粒分明。

④ 平底锅烧热，锅底涂少许油，熄火，将调好的蛋液倒入锅中，烘至成型但未全干，在一侧放上炒好的米饭。用筷子将蛋皮掀起，双手提起蛋皮将炒饭盖住，开小火将蛋液烘至全干后装盘，用圣女果、西蓝花、柠檬片点缀，在表面挤上番茄沙司即可。

脆皮鸡翅

难度：★★☆

主料

鸡翅 10 个，洋葱 1/4 个

调料

胡椒粉 1 克，盐 4 克，柠檬 1/2 个，柠檬片适量，脆炸粉 60 克，色拉油 500 毫升

制作方法

① 鸡翅清洗干净，沥干水，两面都打上花刀。

② 将洋葱洗净，去皮，切成条。把胡椒粉和 2 克盐撒到鸡翅上。将柠檬汁挤到鸡翅上，放入柠檬片、洋葱条抓拌均匀，将鸡翅腌制入味。

③ 腌好的鸡翅用厨房用纸拭干水。

④ 将脆炸粉中徐徐倒入清水，不断搅拌成糊状，加入剩余的盐调味，滴入几滴色拉油，搅拌均匀。

⑤ 将鸡翅挂糊。

⑥ 锅内倒入油，烧至 170℃时，下入鸡翅，转小火炸至外表变色后捞出。

⑦ 转中火，将锅中的油升温，烧至没有响声，放入鸡翅复炸至金黄色，捞出沥油，用厨房用纸吸净多余的油脂即可。

温馨提示

① 脆炸粉在商超有售。

② 水要慢慢加，防止一次倒多了。调和的糊要能呈线状滴下，不可过稠或过稀。炸糊加入盐后更有滋味。

③ 鸡翅的炸制要用小火，以免外焦而内里不熟。第一遍炸的目的是定型，锁住水分；第二遍复炸的目的是保证色泽，口感上外焦里嫩。

私房烤鸡翅

难度: ★ ☆ ☆

主料

鸡翅 10 个

调料

姜粉 1 克，蒜粉 1 克，酱油 1 大勺，蚝油 1 小勺，料酒 1 小勺，芝麻油 1 小勺，枫糖浆 1 小勺

制作方法 •

① 将鸡翅清洗干净，用叉子扎上孔，放入清水中浸泡半小时，去除血水。

② 将所有的调料和鸡翅一起放到料理碗中，腌制 1 ~ 2 小时至入味。

③ 将鸡翅整齐地码放到烤盘中，腌鸡翅的料汁备用。

④ 烤箱预热至 210℃，将烤盘放到烤架上，置于烤箱中层，烤约 15 分钟，取出后翻面。

⑤ 再次放入烤箱中烤 10 ~ 15 分钟，中途将腌鸡翅的料汁分几次刷在鸡翅中上，烤至鸡翅呈焦糖色即可。

温馨提示 •

① 枫糖浆可以用蜂蜜代替。

② 烤鸡翅的腌料也可以用来烤鸡腿。

③ 记得根据食材的大小调整烹饪时间。

酿馅烤鸡腿

难度：★ ★ ★

主料

鸡腿2只，彩蔬丁50克，烟熏培根2片，洋葱1/4个，土豆1个，胡萝卜2/3根，生菜1片，苦苣2根

调料

柠檬1/2个，盐3克，鲜味酱油2小勺，黑胡椒碎1克，橄榄油2小勺，迷迭香碎8克

制作方法 •

① 将鸡腿清洗干净。洋葱去皮，切成粒。烟熏培根片切成丁。土豆和胡萝卜洗净，切成滚刀块。

② 用厨房剪刀将鸡肉从骨头上剪下来。

③ 用刀背在鸡肉上来回轻斩，挤上柠檬汁，加入少许盐和少许黑胡椒碎腌制入味。

④ 锅中倒入油，放入洋葱粒煸香，加入烟熏培根丁翻炒出香味。

⑤ 加入彩蔬丁，放入鲜味酱油炒匀，盛出放凉。

⑥ 在腌好的鸡腿肉中放入炒好的培根蔬菜粒，裹紧后用线绳捆扎。

⑦ 锅中倒入橄榄油，将扎好的鸡腿放入锅中，煎至两面金黄。同时放入土豆块和胡萝卜块煎制，加入剩余的黑胡椒碎、剩余的盐和迷迭香碎。

⑧ 将食材从锅中盛出，放到烤碗中。烤箱预热至210℃，将烤碗放置在烤架上，置于烤箱中层，上下火，烤制25～30分钟，直至鸡皮焦香，土豆块和胡萝卜块烤熟，盛入铺有生菜叶的盘子中，用苦苣点缀即可。

香菇仔炖鸡翼球

🌿 主料

干香菇 50 克，鸡翅 12 个，土豆 2 个，胡萝卜 1/2 根

🧂 调料

葱片、姜片各 15 克，八角 1 个，盐 4 克，鲜味酱油 1 大勺，料酒 2 小勺，香油 1 小勺，色拉油 2 小勺，香葱 2 根

✏️ 制作方法

① 将干香菇冲洗干净，提前泡发好。

② 鸡翅冲洗干净，将鸡翅的一段骨头剪掉，把鸡翅骨抽出来。所有的鸡翅去骨后浸入水中，泡去血水。

③ 鸡翅冷水下锅，烧开，余好的鸡翅用凉水再次冲洗，去除杂质。

④ 将土豆和胡萝卜去皮，切滚刀块。准备好葱片和姜片。香葱切成片。

⑤ 锅内倒入油烧热，加入葱片、姜片、八角炒香，放入鸡翅翻炒。

⑥ 放入胡萝卜块和土豆块。

⑦ 将泡好的香菇攥干水，放到锅中，烹入料酒，加入鲜味酱油，翻炒均匀。

⑧ 锅中倒入热水，以刚刚没过食材为宜。

⑨ 大火烧开后转小火，将食材炖熟，加入盐调味，淋入香油，出锅前撒上香葱片即可。

👨‍🍳 温馨提示

① 干香菇的味道更香浓。

② 香菇和鸡翅是黄金搭档。

③ 鸡翅去骨后孩子食用起来更方便。

④ 用"后盐法"炖煮食物，既不影响食材的口感，又能减少盐的摄入量。

荷叶软蒸鱼

 难度：★ ☆ ☆

主料

带皮鱼肉 400 克，鲜荷叶数张，红椒碎适量

调料

料酒、香油各 1 小勺，盐、花椒粉各 2/5 小勺，酱油 2 小勺，红油、葱花、姜片、熟猪油、淀粉各适量

制作方法

① 带皮鱼肉切成块，加入葱花、姜片、料酒、盐、酱油、红油、花椒粉腌制入味，倒入淀粉搅拌均匀。

② 鲜荷叶修剪成圆形，焯水后洗净，抹上熟猪油。

③ 将鱼块放在垫有荷叶的小笼内，盖上荷叶，大火蒸透。

④ 取出荷叶，撒上葱花，淋入香油，用红椒碎点缀即可。

鲇鱼烧茄子

 难度：★ ☆ ☆

主料

鲇鱼 400 克，茄子 300 克

调料

盐 2 小勺，花生油、胡椒粉、白糖、料酒、醋、酱油、葱片、姜片、蒜片、熟猪油、高汤、香葱碎各适量

制作方法

① 鲇鱼治净，切成块。放入开水锅中余水，捞出沥干。再放入八成热的油锅内炸至呈微黄色，捞出控油。

② 茄子洗净，切成块。锅内加入熟猪油烧热，下入葱片、姜片、蒜片爆香，加入高汤烧沸。

③ 下入鱼块、茄块，烹入料酒、酱油、醋炖 25 分钟。

④ 锅中加入白糖、盐、胡椒粉，再炖 5 分钟，撒香葱碎即可。

菊花鱼

 难度: ★ ★ ★

主料

草鱼1条,芹菜叶少许

调料

盐5/4小勺,胡椒粉1/4小勺,料酒1大勺,花生油600毫升,淀粉2大勺,番茄酱3大勺,糖2大勺,生抽1小勺,水淀粉2～3大勺

制作方法

① 草鱼治净,取鱼肉。将鱼肉斜刀片成薄片,深及鱼皮,约5刀后切断。

② 直刀切成细条状,深及鱼皮别切断。

③ 处理好的鱼片,用3/4小勺盐、胡椒粉和料酒腌制15分钟。

④ 拭干水,将鱼片两面均匀地裹满淀粉。

⑤ 锅中放油,烧至五六成热,放入鱼片炸制。

⑥ 定型后捞出,待油温升至七八成热,复炸一遍,炸至金黄酥脆,捞出,沥油备用。

⑦ 锅中放入1大勺油,倒入番茄酱炒匀,加糖、生抽和1/2小勺盐,加适量的水搅拌均匀,待汤汁烧开后加入水淀粉,烧至浓稠,滴几滴油搅拌均匀即成。

⑧ 将炸好的菊花鱼摆盘,用芹菜叶点缀,将汤汁分别浇淋到鱼片上即可。

鸡蛋蒸豆腐

 难度：★ ☆ ☆

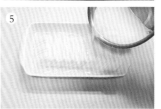

主料

内酯豆腐 1 盒，鸡蛋 2 个，榨菜 40 克，
猪肉馅 100 克，枸杞适量

调料

盐 1/2 小勺，生抽 1 大勺，香油 1 小勺，
食用油 1 小勺，香葱 1 根，大蒜 2 瓣

制作方法

① 将猪肉馅准备好。榨菜用清水浸泡 10
分钟，洗净后捞出，切碎。香葱、大蒜
分别切碎。

② 炒锅倒入油烧热，放入猪肉馅、蒜碎，
小火炒至肉馅转白色，加榨菜碎、生抽、
香油，炒匀后盛出备用。

③ 先在内酯豆腐的盒底剪开一个小口，再
反过来撕开盒盖，完整地扣在盘子上，

切成长方块。

④ 将鸡蛋磕入碗内，打散成蛋液，加入与
蛋液等量的凉开水和 1/2 小勺盐，搅拌
均匀。

⑤ 打散的蛋液淋入盛豆腐的盘内。

⑥ 蒸锅烧开水，放上盛豆腐的盘子，加锅
盖蒸 10 分钟。蒸好的豆腐表面撒上炒
好的榨菜肉末，点缀香葱碎、枸杞即可。

温馨提示

蒸蛋的时候，大火用 5 分钟，中火用 10 分钟即可，时间不宜过长，以免鸡蛋蒸老了。

碳水化合物——为活动提供能量

碳水化合物亦称糖类，是三大供能营养素之一。碳水化合物是由碳、氢、氧三种元素组成的，分子式中氢和氧的比例为二比一，和水一样，故称为碳水化合物。碳水化合物是一个大家族，食物中的碳水化合物可分成两类：人体可以吸收利用的碳水化合物（如单糖、双糖、多糖）和人体不能消化的碳水化合物（如膳食纤维）。

Q 碳水化合物对孩子的生长发育有什么作用？

A 碳水化合物在人体内的主要作用是供应能量。食物中的碳水化合物在体内经消化变成葡萄糖或其他单糖参与机体代谢。葡萄糖是维持大脑正常功能的物质，当血液中葡萄糖浓度下降时，脑组织可因缺乏能源而使脑细胞功能受损。碳水化合物的作用主要包括：

①储存和提供能量：膳食碳水化合物是身体最主要的能量来源。一般来说，维持孩子身体健康和身体活动需要的能量中有55%～65%是由碳水化合物提供的。

②构成身体细胞：人体内每个细胞都有碳水化合物，其含量为2%～10%。

③节约蛋白质：由于孩子身体需要的能量主要由碳水化合物提供，而当膳食中碳水化合物摄入不足时，身体为了满足自身对葡萄糖的需要，不得不动用蛋白质来满足身体活动所需的能量，这将影响身体利用蛋白质进行组织更新，对孩子身体各器官造成损害。而摄入足够量的碳水化合物时，则可减少蛋白质作为能量的消耗。因此，处在生长发育的孩子不应通过限制或不吃主食来减肥。

④增强肠道功能：一些不能被消化的碳水化合物如纤维素、抗性淀粉、功能性低聚糖等，虽然在体内不能消化吸收转变成能量，但是能刺激肠道蠕动，平衡肠道菌群，有助于食物的正常消化，还能增加排便量，因此可帮助孩子的身体维持肠道健康。

Q 哪些食物可以提供碳水化合物？

A 碳水化合物主要来源于谷类（如大米、玉米、燕麦、小麦、高粱等）和薯类（马铃薯、甘薯等）。杂豆（如绿豆、红小豆、芸豆、花豆）中也含有碳水化合物，但比谷类含量低一些。此外，水果、蔬菜也能提供一部分碳水化合物。

常见食物的碳水化合物含量

食物	含量（克/100克）	食物	含量（克/100克）
稻米	77.9	绿豆	62.0
小麦	75.2	黄豆	34.2
小米	75.1	木薯	27.8
大麦	73.3	甘薯（白心）	25.2
荞麦	73.0	马铃薯	17.2

注：引自杨月欣主编《中国食物成分表（第2版）》，2009

Q 膳食纤维对健康有什么益处？

A 膳食纤维主要来自植物的细胞壁，包含纤维素、半纤维素、果胶及木质素等。膳食纤维虽然不能被人体吸收利用，但对健康有着无可替代的作用，适量地补充膳食纤维，可使肠道内容物体积增大变软，促进肠道蠕动，从而加快排便速度，加速有毒物质的排出，防止便秘。对于一些有习惯性便秘的孩子来说，多摄入膳食纤维能有效地缓解症状。此外，膳食纤维还可调节血糖，减少消化过程对脂肪的吸收，并快速排泄胆固醇，所以能让血液中的血糖和胆固醇控制在理想的水平，降低血液中胆固醇、甘油三酯的水平。对于孩子来说，膳食纤维的这一作用有助于预防肥胖，从而预防心血管疾病、糖尿病等疾病的发生。

Q 哪些食物能提供较多的膳食纤维？

A 膳食纤维分为水溶性膳食纤维和非水溶性膳食纤维两类。其中水溶性膳食纤维存在于常见的大麦、豆类、胡萝卜、柑橘、燕麦等食物中。非水溶性膳食纤维包括纤维素、木质素和一些半纤维素，来自食物中的小麦糠、果皮和根茎蔬菜。大多数植物类食物中都含有水溶性与非水溶性膳食纤维，所以饮食中应多摄入蔬菜水果才能获得其带来的健康益处。

小白菜鸡蛋麦穗包

 难度：★★☆

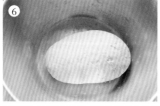

主料

面粉 350 克，小白菜 1 把，鸡蛋 3 个，虾皮 35 克

调料

酵母 4 克，葱花 10 克，鲜味酱油 2 小勺，盐 3 克，鸡精 1 克，香油 1 小勺，五香粉 0.5 克，熟花生油适量

制作方法

① 将小白菜去根，清洗干净后对半切开。

② 锅中倒入水，待水烧开后先放入小白菜的菜帮部分，然后放入菜叶部分，焯烫一下后捞出。攥干水后切碎，备用。

③ 锅中倒入熟花生油，将鸡蛋打散后倒入锅中，炒成鸡蛋碎，盛出。

④ 锅中倒入熟花生油，放入虾皮煸香。

⑤ 将小白菜碎、鸡蛋碎、虾皮和葱花放入料理盆中，加入熟花生油拌匀，放入鲜味酱油、鸡精、五香粉和香油调味，制成包子馅。

⑥ 将酵母用 200 克水化开，把酵母水徐徐倒入面粉中，用筷子不断搅拌成雪花状，用手揉成面团。

⑦ 将和好的面团醒发 10 分钟，揉至表面光滑，搓成长条，切成剂子，擀成中间厚四周薄的包子皮。将包子馅加盐调味，包入面皮中。

⑧ 捏成麦穗包子。依次做好其他的麦穗包子。

⑨ 将包子醒发好，放入屉中，开水上锅，大火蒸 10 分钟，关火，2～3 分钟后取出即可。

黑白珍珠丸子

难度：★ ☆ ☆

主料

猪肉馅 260 克，笋 50 克，糯米 80 克，血糯米 40 克

调料

盐 3 克，胡椒粉 0.3 克，五香粉 0.3 克，料酒 1 小勺，蚝油 2 小勺，葱姜水 2 小勺，淀粉 2 小勺，香油 1 小勺

制作方法

① 将糯米和血糯米提前洗净，浸泡一夜。准备好猪肉馅。笋洗净，切成丁。

② 将猪肉馅中加入盐、胡椒粉、五香粉、料酒、蚝油、香油、葱姜水和淀粉，搅拌均匀，腌制入味。将笋丁放入肉馅中搅拌均匀。

③ 将糯米沥干水。

④ 将血糯米沥干水。

⑤ 将肉馅团成大小均匀的肉丸。

⑥ 肉丸分别裹上糯米、血糯米和两者混合后的糯米，制成三色丸子。

⑦ 放入蒸锅中，开锅后大火蒸约 15 分钟即可。

温馨提示

① 糯米和血糯米必须泡透才行，建议最好选用长粒糯米。血糯米的黏性比糯米差，但是营养丰富，点缀在白色的丸子上很有意趣。

② 调肉馅时尽量不要使用酱油，因为酱油会使肉馅着色深，影响珍珠丸子的美观。

腊味煲仔饭

🔊 难度:★☆☆

🌿 主料
腊肉1块,广式腊肠2根,
小油菜6棵,大米1杯

🧂 调料
生抽1大勺,白糖10克

🔪 制作方法
① 腊肉、广式腊肠均洗净,切成片,用大火蒸熟。小油菜洗净,
烫熟,备用。
② 大米洗净,放入砂锅里,加入清水,大火煮至米饭黏稠。
③ 腊肠片、腊肉片均放在米饭上,改小火煮5分钟。
④ 放入小油菜,加入用生抽和白糖调成的汁食用即可。

👨‍🍳 温馨提示
为了避免煳锅,米饭煮得黏稠时一定要记得改用小火,不要用筷
子随意搅动。

馄饨乌冬面

🔊 难度:★☆☆

🌿 主料
乌冬面1袋(约200克),
鸡肉200克,虾仁100克,
馄饨10个,油菜100克

🧂 调料
生抽1小勺,胡椒粉1/2小
勺,盐1/2小勺,香油1小
勺,植物油1小勺

🔪 制作方法
① 油菜洗净。鸡肉切成片。
② 炒锅烧热,倒入油加热,倒入鸡肉片,中火翻炒,加入盐、
胡椒粉调味,炒至鸡肉片熟透后盛出。
③ 锅内倒入清水,水开后放入馄饨、乌冬面,待煮至七八分
熟时加入虾仁,继续煮至食材熟透,加入盐、生抽、香油、
胡椒粉调味。
④ 放入油菜稍烫一下,关火,盛入碗中,放入炒好的鸡肉即可。

👨‍🍳 温馨提示
家庭版"浓汤宝":可以在闲暇之时熬制一小盆肉末鸡汤,冻在
冰格里,每次吃面的时候拿出来一块,与面条同煮。

紫菜包饭

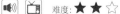 难度：★★☆

🌿 主料

米饭1碗，熟鸡蛋皮2条，大根2条，黄瓜2根，胡萝卜2条，熟蟹肉棒2根，熟牛蒡2条，寿司海苔1张

🧂 调料

香油1小勺，盐1克，熟黑芝麻、熟白芝麻各1小勺，香菜少许

✏️ 制作方法

① 米饭中加入盐、香油和熟黑芝麻、熟白芝麻拌匀。

② 将寿司海苔放到竹帘上，糙面朝上。将手洗净，蘸凉开水，把拌好的米饭均匀地摊开在寿司海苔上，四周留1厘米左右的边。

③ 黄瓜去瓤，切成条，和胡萝卜条一起放到锅中，用香油煸一下。准备好大根、熟蟹肉棒、鸡蛋皮条和熟牛蒡条。

④ 将准备好的条状食材放在米饭的1/3处。

⑤ 用竹帘将寿司海苔卷起。

⑥ 刀上刷一层香油（分量外），用刀切成8等份，摆入盘中，用香菜点缀即可。

👨‍🍳 温馨提示

① 紫菜包饭的做法与寿司相同，紫菜包饭是经典的韩式料理。韩式的紫菜包饭比较注重食材本真的味道。

② 自己在家制作紫菜包饭，可以随意卷上自己喜爱的食材。

紫菜酥烤饭团

难度：★ ☆ ☆

主料
米饭1小碗，紫菜酥1大勺，圆火腿1片，生菜1片

调料
鱼生酱油2小勺

制作方法
① 准备好米饭。
② 将紫菜酥放到米饭中，拌匀。
③ 用模具将圆火腿压成花片。
④ 将拌好的米饭放到三角形饭团模中，盖上火腿花片。
⑤ 压紧后脱模。
⑥ 放到烤盘中，刷上鱼生酱油。
⑦ 烤箱设定180℃，烤盘置于烤箱中层，上下火，将饭团烤至焦黄色。盘中垫上生菜，将饭团盛出即可。

温馨提示
① 紫菜酥可以在大型商超中买到。
② 也可以将紫菜酥换成青菜、金枪鱼等馅料，包裹在饭团中。
③ 最好选用鱼生酱油，鲜而不咸。

多彩盖饭

 难度：★★☆

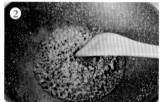

🌿 主料

米饭1小碗，猪肉末40克，红葱头1个，鸡蛋1个，盐水虾6只，菠菜1小把

🧂 调料

胡椒粉0.5克，鲜味酱油1大勺，盐0.5克，香油1小勺，熟白芝麻1小勺，色拉油1大勺

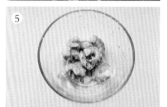

✏️ 制作方法

① 猪肉末放入容器中，加入胡椒粉和少许鲜味酱油腌制入味。红葱头切成末。

② 锅烧热，倒入色拉油，放入红葱头末煸香，再放入猪肉末，翻炒至成熟，盛出。

③ 鸡蛋磕入容器中，加入盐，搅拌均匀。

④ 锅烧热，放入色拉油，倒入鸡蛋液，边炒边用筷子快速搅拌，炒成鸡蛋碎。

⑤ 盐水虾煮熟，去头、壳、虾线，虾仁切成碎。

⑥ 菠菜在开水锅中焯烫后捞出，用凉开水过凉，切成碎，加入剩余的鲜味酱油和香油，放入熟白芝麻拌匀，备用。

⑦ 米饭盛到容器中。

⑧ 将处理好的多种食材铺到米饭上，吃的时候拌匀即可。

👨‍🍳 温馨提示

① 猪肉需要提前腌制入味。炒肉末的油不要浪费，和肉末一起放到米饭中味道更香。

② 鸡蛋加盐时不要加太多，稍微提味即可。

③ 拌匀的食材——肉、蛋、虾、菜、米，营养全面，为孩子成长加分。

虾球什锦炒饭

难度：★ ☆ ☆

主料

鲜虾10只，米饭1碗，小洋葱1个，黄瓜1/2根，彩椒1/4个，胡萝卜1/5根，火腿1块，口蘑1朵，生菜1片

调料

盐2克，胡椒粉0.3克，淀粉3克，鲜味酱油2小勺，色拉油1大勺

制作方法

① 鲜虾去头、壳，在背部剖开一刀（别切断），去掉虾线，加入少许盐、胡椒粉和淀粉抓匀，腌制15分钟至入味。

② 将除生菜之外的其他蔬菜处理好，切成丁。火腿切成丁。

③ 准备好米饭。

④ 锅烧热，放入油，下入腌好的虾仁滑炒至变色打卷，盛出。

⑤ 放入小洋葱丁炒香，下入胡萝卜丁翻炒。

⑥ 放入其他的蔬菜丁、火腿丁，加剩余的盐和鲜味酱油，翻炒至入味。

⑦ 加入米饭炒匀，放入滑熟的虾仁，翻炒均匀。

⑧ 将虾仁挑出来，码在小碗的底部。

⑨ 放上炒好的米饭，压实。

⑩ 将米饭扣入垫有生菜的盘中即可。

彩蔬鸡汤猫耳面

难度: ★★☆

🌿 主料

面粉 150 克，鸡蛋 1 个（约 50 克），五花肉 30 克，胡萝卜 1/3 根，洋葱 1/4 个，西芹 1 根，香菇 2 朵，圆火腿 1 片

🧂 调料

香葱 1 根，鸡汤 400 毫升，鲜味酱油 2 小勺，盐 3 克，香油 1 小勺，色拉油 1 大勺

🔪 制作方法 ·

① 将面粉、鸡蛋和 30 克水倒入料理盆中，用筷子搅拌成雪花状。

② 揉成面团，醒发 30 分钟，揉匀至表面光滑。

③ 将面团擀成薄面饼，切成 1.5 厘米宽的长条。

④ 再切成长方形的小面片。

⑤ 取寿司帘，分别将小面片斜向搓成猫耳面。

⑥ 将五花肉切成片。所有的蔬菜切成丁。香葱切成段。用模具将圆火腿压成花片。

⑦ 锅中倒入水，将猫耳面煮至熟透、漂浮。

⑧ 另起锅烧热，放入油，下入五花肉片煸炒至出油。

⑨ 依次放入香葱段、洋葱丁、胡萝卜丁、西芹丁和香菇丁，加入鲜味酱油翻炒均匀。

⑩ 倒入鸡汤，将煮透的猫耳面捞到锅中，烧开，加入盐和香油调味，将面煮至入味，关火，出锅，用火腿花片装饰即可。

👨‍🍳 温馨提示 ·

① 加了鸡蛋后猫耳面比较筋道，面片要擀得薄一些，这样搓出来的猫耳面不至于过厚，也更易于消化。

② 将炒制蔬菜和煮面分开来操作，更容易控制火候。

③ 鸡汤会使猫耳面更美味，如果不方便提前熬制鸡汤，可用大型商超售卖的鸡高汤块来代替。

脂类——提供能量，让大脑更聪明

脂类是人体必需的一类营养素，也是人体的重要组成成分。脂类包括脂肪和类脂两部分。每克脂肪在体内可产生9千卡能量，是人体能量的重要来源，由脂肪提供的能量应占总能量的20%~30%。

Q 脂类对孩子的生长发育有什么作用？

A 脂类对人体有多种作用：①脂肪中的磷脂和胆固醇是人体细胞的重要成分，以脑细胞和神经细胞中含量最多。②皮下脂肪可防止体温过多向外散失，减少身体能量散失，维持体温恒定。③内脏器官周围的脂肪垫可以缓冲外力冲击从而起到保护内脏的作用。④促进脂溶性维生素（如维生素A、维生素D和维生素E）吸收。⑤脂肪在胃肠道内停留时间长，所以还有增加饱腹感的作用。因此，孩子的膳食中必须含有脂类。

Q 什么是必需脂肪酸？它有哪些益处？

A 脂肪是由脂肪酸构成的。脂肪酸分为饱和脂肪酸和不饱和脂肪酸两类，后者包括单不饱和脂肪酸和多不饱和脂肪酸两类。多不饱和脂肪酸中的亚油酸（LA）和α-亚麻酸（ALA）在人体内不能合成，每日必须由食物供给，故称必需脂肪酸。

必需脂肪酸是由食物中的脂肪提供的，在身体中主要用于磷脂的合成，是所有细胞结构的重要组成部分。

必需脂肪酸的衍生物具有多种重要的生理功能，如二十二碳六烯酸（DHA）、二十碳五烯酸（ARA）是脑、神经组织及视网膜中含量较高的脂肪酸，对孩子的大脑及视觉功能发育有重要的作用。研究发现，儿童缺乏必需脂肪酸可导致认知功能下降，延缓大脑的发育，而老年人缺乏必需脂肪酸会加速其大脑功能衰退。

必需脂肪酸缺乏还会导致儿童生长发育迟缓，甚至引起肝脏、肾脏、神经和视觉方面的多种疾病。

Q 哪些食物可以提供脂类？

A 食物中的脂类通常有两种形式：平常炒菜用的植物油，如花生油、豆油、菜籽油等，常温下是液态的，一般称为油；来源于动物性食物的猪油、牛油等在常温下是固态的，一般称为脂。此外，还有一些食物，如瓜子、花生、核桃等都含有较多的脂类。

常见食物的脂肪含量

食物	含量（克/100克）	食物	含量（克/100克）
玉米油	99.2	鸭	19.7
黄油	98.0	鸡爪	16.4
松子仁	70.6	酱牛肉	11.9
花生酱	53.0	豆腐	3.7
猪肉（软五花）	35.3	油菜	0.5

注：引自杨月欣主编《中国食物成分表（第2版）》，2009

菠萝咕咾肉

 难度：★★☆

🌿 主料

猪里脊肉 250 克，菠萝 1/5 个，彩椒 50 克，蛋液 70 克，面粉 80 克

🧂 调料

大蒜 3 瓣，盐 3 克，胡椒粉 0.3 克，料酒 1 大勺，淀粉 1/2 大勺，番茄酱 3 大勺，白醋 2 大勺，白糖 2 大勺，生抽 1 大勺，水淀粉 1 大勺，植物油 500 毫升

✏️ 制作方法 •

① 猪里脊肉清洗干净，切成长约 2 厘米的滚刀块。加入 2 克盐、胡椒粉、料酒及淀粉抓匀，腌制入味。

② 将蛋液打散。腌好的里脊肉先蘸蛋液后裹面粉。锅中倒入油，加热至七成热，放入里脊肉块，炸至金黄后捞出沥油。

③ 将菠萝切成和肉等大的块。将彩椒去蒂及籽，切成大小相仿的菱形块。大蒜切成蒜末。

④ 锅中倒入适量油烧热，放入切好的蒜末煸香。

⑤ 转小火，加入番茄酱翻炒。加入白醋、白糖、生抽、1 克盐和适量水烧开。

⑥ 倒入水淀粉，待汤汁烧至浓稠时下入彩椒块，翻炒均匀。

⑦ 放入炸好的里脊肉块，炒匀后关火。

⑧ 放入菠萝块，翻炒数下，用汤汁裹匀食材，盛出即可。

馋嘴烤肉

主料
五花肉200克，蛋清1/2个，两色生菜各2片

调料
味极鲜酱油2小勺，蚝油2小勺，五香粉1克，盐1克，烧烤料2小勺，孜然碎2小勺，色拉油适量

制作方法
① 五花肉切成小块。
② 用清水冲洗干净。
③ 沥净水。
④ 加入味极鲜酱油、蚝油、五香粉、蛋清、盐，腌制1小时至入味。
⑤ 烤架垫上锡纸，将腌好的肉块穿到竹签上，放到烤架上。
⑥ 烤箱预热至210℃。在肉串上撒少许烧烤料和少许孜然碎，烤架置于烤箱中层，上下火，烤约10分钟。
⑦ 将肉串取出来翻面，同时双面喷上油，再次撒剩余的烧烤料和剩余的孜然碎，接着烤5~8分钟。去掉竹签，配两色生菜一同上桌即可。

温馨提示
① 高温烤制肉类可以尽快烤干表皮，锁住肉汁，以保证五花肉外焦里嫩。
② 五花肉或者肥瘦相间的前腿肉都很适合烤制，非常美味。
③ 烤制时间根据肉块的大小来调整，最好的判断方法：五花肉肥肉部分焦香冒油，锡纸上油汪汪的。油脂被逼出，烤肉香而不腻，才算合格。
④ 去掉竹签，孩子吃起来更方便，搭配生菜食用可以解腻。

黄金芝士猪肉卷

 难度：★★☆

🌿 主料

猪肉薄片 6 片，芝士 3 片，芹菜叶 10 克，面粉 30 克，鸡蛋 1 个，黄金面包糠 20 克

🧂 调料

盐 2 克，胡椒粉 0.3 克，色拉油 500 毫升，番茄沙司 15 克

🥄 制作方法

① 准备好猪肉薄片，加入盐和胡椒粉，腌制 15 分钟入底味。鸡蛋磕入碗中，打散成蛋液。

② 将芝士片卷起来，一切两半。取一片猪肉薄片，将切好的半个芝士卷放到肉片上。

③ 将芝士猪肉卷逐一做好。

④ 芹菜叶切碎，放到蛋液中，搅打均匀。

芝士猪肉卷先裹上面粉，再均匀地挂上蛋液。

⑤ 滚上黄金面包糠，捏紧实。

⑥ 将油烧至 150℃，放入猪肉卷，转小火，两面炸至金黄后捞出，用厨房用纸吸净油脂，挤上番茄沙司食用即可。

🧁 温馨提示

① 猪肉薄片是涮火锅用的，五花肉比较香。如果介意油脂过高的话，可以用薄里脊片来代替，也可以换成培根。

② 卷好的肉卷，在裹面粉、挂蛋液和滚面包糠的时候，注意两头要封一下口。

③ 黄金面包糠很容易上色，炸的时候要用小火，以免面包糠焦煳而里面的猪肉不熟。

香菇肉丸

 难度：★ ☆ ☆

🌿 主料

猪绞肉 250 克，香菇 5 朵，荸荠 5 个

🧂 调料

生抽 4 大勺，盐 1/4 小勺，料酒 1 大勺，黑胡椒粉 1/4 小勺，十三香粉 1/8 小勺，玉米淀粉 2 大勺，香油 1 大勺，植物油 1/2 大勺，白糖 1/2 大勺，姜 2 片，香葱 3 根，水淀粉适量

🥄 制作方法

① 香菇用冷水浸泡 1 小时至变软。荸荠削去表皮，洗净。香菇和荸荠均切成黄豆大的碎。香葱部分切葱花，剩余切丝。姜片切丝。葱丝和姜丝加清水制成葱姜水。将葱姜水分次加入猪绞肉内，每次都要用筷子搅拌至吸收。

② 猪绞肉内继续加入盐、料酒、黑胡椒粉、十三香粉、2 大勺生抽、玉米淀粉，搅拌至起胶。再加入香菇碎、荸荠碎、香油，搅拌均匀。用手将猪绞肉挤成肉丸子，摆放在大盘里，放入蒸锅，大火蒸 10 分钟后取出。锅内加入植物油、白糖、剩余的生抽和 1 大勺清水，烧至白糖化开，加入水淀粉勾芡，煮至汤汁浓稠，淋在蒸好的肉丸上，撒葱花即可。

清蒸狮子头

 难度：★ ☆ ☆

🌿 主料

猪肉 300 克，荸荠 3 个

🧂 调料

盐 1/2 小勺，香油、生抽各 1 大勺，白胡椒粉 1/4 小勺，玉米淀粉 1 大勺，水淀粉 1 大勺，葱白 2 段，姜 1 小块，葱花适量

🥄 制作方法

① 荸荠去皮，洗净。葱白和荸荠分别切成碎。姜用研磨器磨成泥。将猪肉先切成细丁，再粗剁成颗粒状的肉蓉。

② 将肉蓉、荸荠碎、葱碎、姜泥放入碗内，加入大部分调料（水淀粉、葱碎、姜泥、葱花除外），再倒入 3 大勺清水，用筷子搅拌至起胶。

③ 取适量肉馅，用手团成球状，再搓成丸子，放入深盘内。锅内倒入水烧开，蒸笼上放上盛有肉丸子的盘子，加盖大火蒸 10 分钟。

④ 将盘子里蒸出来的汤汁倒入碗内，加水淀粉，下锅加热至汤汁浓稠，淋在肉丸表面，撒葱花即可。

👨‍🍳 温馨提示

肉丸里加入荸荠既可以解腻，又能增加爽脆的口感。也可以用鲜藕代替荸荠。

糖醋排骨

 难度：★ ★ ☆

🌿 **主料**
猪肋排 500 克

➕ **调料**
陈醋 4 大勺，白砂糖 2 大勺，盐 1/4 小勺，生抽 1 小勺，老抽 1/2 小勺，色拉油 1 大勺，薄荷叶 1 片

🥢 **制作方法** •

① 猪肋排斩成小块，用清水浸泡好，放入砂锅中，加适量清水，加盖中火煮约 2 分钟至排骨变色，捞出排骨，留汤备用。
② 锅内倒入油烧热，放入排骨中火翻炒约 1 分钟，倒入陈醋，盖上锅盖，小火焖至醋干。
③ 调入盐、生抽、老抽、白砂糖，放入备用的排骨汤。
④ 小火焖至汤汁浓稠即可出锅，用薄荷叶点缀。

👨‍🍳 **温馨提示** •
采用先下醋焖煮的方式，可以让排骨更容易软烂，再调入盐和糖，排骨更容易入味。

板栗烧鸡

难度：★ ★ ☆

🌿 **主料**
鸡半只，板栗 350 克

➕ **调料**
白糖 3 小勺，生抽 1 大勺，料酒 1 大勺，蚝油 1.5 大勺，植物油 2 大勺，姜 10 克，蒜 5 瓣，大葱 20 克，香菜少许

🥢 **制作方法** •

① 板栗去皮。鸡斩成小块。大葱切成段。姜切成片。
② 锅内放入油，烧至三成热时放入葱段、姜片、蒜炒出香味，加入鸡块，用小火煸炒至出油。
③ 待鸡块表面变得有些微黄时加入板栗，翻炒均匀。加入料酒、生抽、蚝油、白糖，用小火翻炒均匀。
④ 加入热开水，水量要没过鸡块。盖上锅盖，大火烧开，转小火焖 25 分钟至汤汁浓稠，用香菜点缀即可。

👨‍🍳 **温馨提示** •
① 做这道菜时所选用的板栗不要太大，大的不容易入味。如果只能买到大个的，要切成两半后再下锅。
② 板栗要煮至入味、软糯，水一定要加够，焖煮 20 ~ 25 分钟。

脆藕炒鸡丁

 难度：★ ☆ ☆

 主料

新鲜鸡腿2只，黄瓜1/5根，干香菇4朵，胡萝卜1/4根，新鲜莲藕1/2小节

 调料

生抽2小勺，白糖1小勺，植物油1/2大勺，玉米淀粉2小勺，盐1/8小勺，姜1片

✎ **制作方法**

① 将新鲜鸡腿去骨，鸡肉连皮一起剁成丁。干香菇用温水浸泡20分钟至变软。

② 将新鲜莲藕、胡萝卜、黄瓜洗净，分别切成小丁。泡好的香菇切成小丁。姜切成姜蓉。

③ 将1小勺生抽、1/2小勺白糖、玉米淀粉、盐放入碗中，加入姜蓉、鸡肉丁调匀，腌制30分钟。

④ 炒锅烧热，放入植物油，转小火，放入

腌好的鸡肉丁慢慢煎香，刚开始的时候不要翻动鸡肉丁，待鸡肉丁开始缩小时将其由底部铲起，小火煎至鸡肉丁变得有些微黄色、油脂煎出，盛出，底油留用。

⑤ 锅内放入香菇丁炒香，加入莲藕丁翻炒约2分钟，再加入胡萝卜丁、黄瓜丁和煎好的鸡肉丁，调入剩下的生抽、白糖，大火翻炒几下即可出锅。

 温馨提示

最好用厨房剪刀给鸡腿去骨，这样操作起来既方便又不容易伤到手。

香芋焖鸭

难度：★ ★ ☆

主料

带腿鸭肉1块（约250克），芋头300克

调料

豆腐乳2小块（约15克），柱侯酱2大勺，蚝油1大勺，料酒1大勺，番茄酱1大勺，白糖1大勺，植物油4大勺，姜5片，大蒜8瓣，香葱5段，香菜2根

制作方法

① 芋头去皮洗净，切成厚片。香菜、香葱切成段。将豆腐乳、柱侯酱、蚝油、料酒、番茄酱、白糖放入盛器内，搅拌均匀，做成酱汁。

② 锅内倒入植物油烧热，放入带腿鸭肉，小火煎至两面金黄，捞出沥油。锅内再放入芋头片，小火煎至两面脆硬，捞出沥油。

③ 锅留底油烧热，放入姜片、大蒜略爆香，再倒入酱汁炒香。放入煎好的带腿鸭肉，

倒入6碗清水，大火煮开。煮至锅中的水剩一半时，捞出鸭肉，放凉，切成块，汤汁备用。

④ 另取一深砂锅，底部铺上煎好的芋头片，将鸭块摆在芋头片上。

⑤ 将炒锅内煮剩下的汤汁倒入砂锅内。加盖，大火烧开后转小火焖至汤汁收至只剩锅底浅浅的一层，撒香葱段、香菜段即可。

维生素 A——保护视力，让眼睛明亮

Q 维生素A对孩子的生长发育有什么作用？

A 维生素A又名视黄醇、抗干眼病维生素，是脂溶性维生素，维持正常视觉功能是其最早被发现的功能。维生素A对孩子的生长发育有多方面的作用：①促进生长和骨骼发育。②维护皮肤和黏膜的健康。③保护视力。④增强免疫力，促进免疫球蛋白的合成。⑤促进生殖系统的发育。

Q 孩子如果缺乏维生素A会有哪些表现？

A 孩子缺乏维生素A会有多种表现：①影响视觉。维生素A缺乏时，孩子会发生视力障碍，表现为对弱的光敏感度降低，对暗适应发生障碍，严重者会发生夜盲症。②影响皮肤健康。孩子会出现皮肤干燥、粗糙或发生毛囊角质化，皮肤摸上去好像有很多小疙瘩。③免疫力下降。经常发生感染性疾病，且皮肤如果出现伤口会不容易愈合。④骨骼发育不良。维生素A缺乏还可导致孩子骨骼生长不良，生长发育受阻，表现为比同龄的孩子个子矮，看起来瘦弱。

Q 为什么不能过量补充维生素A？

A 维生素A属于脂溶性维生素，脂溶性维生素不容易排出体外，如果摄入过量，多余的会在身体内蓄积下来，可能引发中毒反应。维生素A过量大致可以分为两种情况：一种是一次性摄入大量的维生素A，可以造成急性维生素A过量，孩子会出现恶心呕吐、头痛眩晕、视力模糊、动作不协调；另外一种是慢性累积性中毒，在经常服用维生素A补充剂的孩子中比较常见，表现包括神经系统紊乱、肝脏受损和皮肤损伤等。因此父母在给孩子补充维生素A时要特别注意摄入的量。

Q 哪些食物可以提供维生素A？

A 维生素A的食物来源包括两类：一类是含有维生素A的动物性食物，主要是动物肝脏、蛋黄、鱼油、奶油和乳制品。另一类是含有类胡萝卜素的植物性食物，类胡萝卜素在人体内能够转变为维生素A，从而发挥维生素A的生理功能。这类植物性食物包括深绿色或红黄色的蔬菜水果，如胡萝卜、菠菜、南瓜、西蓝花、杧果等。

常见食物的维生素A含量

食物	含量（微克/100克）	食物	含量（微克/100克）
鸡肝	10414	猪肉（瘦）	44
猪肝	4972	带鱼	29
奶油	297	牡蛎	27
鸭蛋	261	牛乳	24
鸡蛋	234	对虾	15

注：引自杨月欣主编《中国食物成分表（第2版）》，2009

猪肝丸子

 难度：★★☆

🌿 主料

新鲜猪肝 1 块，鸡蛋 1 个，洋葱碎少许，胡萝卜小半根，即食燕麦片 1 小碗

🧂 调料

盐 3 克，食用油少许，淀粉 10 克，蘑菇牛排酱 15 克

🥄 制作方法 ·

① 新鲜猪肝切成大块后先浸泡半小时以上，泡出血水。锅中倒入水烧热，放入猪肝块，煮熟后捞出，将表面的浮沫洗一洗。胡萝卜切成碎。

② 趁热将猪肝剁成泥（凉了就不太容易剁成泥了）。

③ 将猪肝泥放进大碗中，打入鸡蛋，加入蘑菇牛排酱，再加入淀粉、胡萝卜碎、洋葱碎、盐。

④ 将上一步的材料用厨师机充分拌匀，拌成比较黏稠、上劲儿的状态。

⑤ 用手取 20 多克的丸子泥，团成球。然后放进即食燕麦片里滚一圈。

⑥ 将丸子放进空气炸锅的炸篮或者是铺了锡纸的烤盘内。

⑦ 在丸子表面轻轻地刷一层食用油，用空气炸锅以 180℃炸 12 至 13 分钟即可。

🍲 温馨提示 ·

① 如果拌匀后感觉丸子泥不够黏稠，团不成球，可以再加少许蛋液。

② 调料能盖住猪肝本身的膻味就好，咸淡可以自己调整。

③ 不喜欢洋葱的话就不用加了。没有燕麦片可以换成面包糠。没有蘑菇牛排酱可以用烤肉酱或烧烤酱，都没有的话可以用生抽和少许糖。

五香鱼饼

 难度：★★☆

主料
白吐司 2 片，鸡蛋 1 个，土豆、三文鱼各 100 克，生菜 1 片

调料
料酒、盐、五香粉、食用油各 1 小勺，黑胡椒粉 1/2 小勺，炒香的白芝麻 10 克，葱花 10 克，红辣椒 1 个

制作方法

① 白吐司去掉表皮，剪成小块。鸡蛋打散，放入吐司块浸泡 5 分钟，用筷子搅拌成糊状。红辣椒洗净，切圈。

② 土豆去皮，切成小块，蒸熟，略放凉后将土豆块装入食品袋中，用擀面棍擀成泥。

③ 三文鱼切成丁，加入料酒和 1/2 小勺盐拌匀，腌制 10 分钟。锅内倒入油烧热，加入三文鱼丁炒至变色，盛出备用。

④ 搅拌好的吐司中加入土豆泥，再加入葱花、1/2 小勺盐、黑胡椒粉、五香粉、炒香的白芝麻一起搅拌均匀。加入炒好的三文鱼丁，用手抓捏均匀。将鱼肉团搓成球状，再按成饼状，在表面放上红辣椒圈装饰，放入煎锅内，小火煎至底部呈金黄色，再翻面煎至微上色，装入垫有生菜的盘中即可。

鱼羊鲜

 难度：★☆☆

主料
净羊肉 200 克，净鱼肉 350 克

调料
葱片、姜片各 5 克，盐、胡椒粉各 1 小勺，高汤 500 毫升，熟猪油 2 大勺，香葱末少许

制作方法

① 净鱼肉、净羊肉改刀切成片，加少许盐码味。

② 锅上火，加入熟猪油烧热，放入葱片、姜片煸香。

③ 加入高汤烧沸，下入羊肉片、鱼肉片烧 5 分钟。

④ 用剩余的盐、胡椒粉调味，撒上香葱末，出锅即可。

炒猪肝 难度：★ ☆ ☆

🌿 **主料**

猪肝 200 克，西蓝花 8 小朵

🧂 **调料**

料酒、橄榄油、淀粉各 1 大勺，黑胡椒粉 1 小勺，盐、白糖各 1/2 小勺

🥄 **制作方法**

① 猪肝洗净，切成片，加入黑胡椒粉、盐、白糖和料酒，拌匀后腌制 10 分钟左右。
② 西蓝花放入开水锅里焯熟，捞出过凉水，控干。
③ 把猪肝片放进淀粉里，使两面都均匀地裹上淀粉。
④ 将裹好淀粉的猪肝片放进加有橄榄油的热锅里爆炒至两面焦黄，起锅装盘，再放上焯好的西蓝花即可。

🍳 **温馨提示**

炒猪肝的时候可以用筷子扎一下猪肝，能轻松扎透就说明炒熟了。

胡萝卜玉米炒猪肝 难度：★ ☆ ☆

🌿 **主料**

熟猪肝片、熟玉米粒各 100 克，胡萝卜片适量

🧂 **调料**

盐 1 小勺，糖 1/2 小勺，花生油、香葱碎各适量

🥄 **制作方法**

① 锅中加入 2 小勺油，烧热后放入胡萝卜片煸炒。
② 胡萝卜片炒软之后放入熟猪肝片，翻炒均匀。
③ 加入熟玉米粒、盐和糖炒匀，撒上香葱碎即可。

🍳 **温馨提示**

① 胡萝卜片尽量薄些，比较容易熟。
② 这道菜也可以用生猪肝，建议先将生猪肝炒熟。

西蓝花拌鲜鱿

 难度：★★☆

主料

新鲜鱿鱼1只，西蓝花1个

调料

盐、白砂糖、花椒油各1小勺，生抽1.5大勺，白胡椒粉1/8小勺，植物油、香油各1/2大勺，料酒1大勺，蒜2瓣，姜2片，葱2根，红辣椒1/4个

制作方法

① 西蓝花掰成小朵。姜、蒜、葱、红辣椒分别切成碎。将生抽、白砂糖、白胡椒粉、一半的香油、花椒油放入碗内，加入1大勺清水调匀，制成味汁。

② 新鲜鱿鱼处理干净。鱿鱼身打上花刀，切成片。鱿鱼尾切成片，须切成段。切好的鱿鱼放入盛器中，加1/8小勺盐、少量姜碎、少量葱碎、料酒抓匀，腌10分钟去腥味。

③ 锅内倒入一锅水，烧开后加入西蓝花，焯烫2分钟，捞出沥干。处理好的鱿鱼放入开水锅中烫至卷起，捞出沥水。将西蓝花摆在盘边，中间摆上烫好的鱿鱼。

④ 炒锅内倒入植物油和剩下的香油烧热，加入剩余的葱碎、剩余的姜碎、蒜碎、红辣椒碎炒至出香味，再加入剩余的盐，倒入调好的味汁小火烧开，趁热淋入盘中即可。

温馨提示

鱿鱼放入开水锅中汆烫的时间不能过长，以不超过3分钟为宜，否则会变硬而咬不动。

肉碎西蓝花

 难度：★☆☆

主料

猪肉馅、西蓝花各100克，胡萝卜50克

调料

盐1/2小勺，生抽、玉米淀粉、色拉油各1小勺

制作方法

① 将西蓝花掰成小朵。胡萝卜削皮，切成小粒。准备好猪肉馅。

② 开水锅里放入西蓝花、胡萝卜粒，煮10分钟。

③ 猪肉馅加盐、生抽、玉米淀粉拌匀，腌制10分钟。

④ 捞出煮软的西蓝花和胡萝卜粒，沥净水，放入盘内。锅内倒入色拉油烧热，放入猪肉馅小火翻炒至变色、熟透，起锅盛入盘中即可。

温馨提示

猪肉馅最好选用瘦肉多、肥肉少的。

胡萝卜炖牛肉

 难度：★ ☆ ☆

🌿 **主料**

牛肉 500 克，胡萝卜 2 根，中等大小的土豆、洋葱各 2 个，嫩豆荚 50 克，枸杞 30 克，面粉 4 大勺，鲜奶油适量

🧂 **调料**

白胡椒粉、盐各适量

🥢 **制作方法** •

① 牛肉切成块，撒上盐、白胡椒粉和 1 大勺面粉拌匀。胡萝卜切成小块。土豆、洋葱切成片。嫩豆荚切成段。

② 鲜奶油放入炒锅内烧热，放入牛肉块炒成茶色。放入洋葱片，倒入 4 碗热水，再放入枸杞，加盖煮开。

③ 改用极弱的火，依次加入胡萝卜块、土豆片、豆荚段，煮 1.5 小时后放入盐。

④ 将 3 大勺面粉加水调成糊状，倒入汤里搅匀，再煮半小时后加入盐、白胡椒粉调味即可。

胡萝卜土豆煲脊骨

 难度：★ ☆ ☆

🌿 **主料**

猪脊骨 500 克，土豆 200 克，胡萝卜 150 克，蜜枣 10 颗

🧂 **调料**

盐 1/2 小勺，姜 2 片

🥢 **制作方法** •

① 胡萝卜、土豆去皮，切成块。猪脊骨洗净血水，剁成大块放入冷水锅内煮至水开，捞出，冲洗干净。

② 锅内倒入清水，放入猪脊骨块、蜜枣、姜片，大火煮开后，转中小火，加盖煲 30 分钟。

③ 再放入胡萝卜块、土豆块，加盖，转中小火煲 30 分钟至汤色泛白时，加盐调味，装入碗中即可。

茭瓜胡萝卜黄金蛋饼

难度：★☆☆

主料

茭瓜 1/4 个，胡萝卜 1/4 根，鸡蛋 1 个，面粉 100 克

调料

盐 1.5 克，色拉油 2 小勺，小葱花适量

制作方法

① 胡萝卜洗净，擦成细丝。

② 茭瓜洗净，擦成与胡萝卜丝粗细相仿的丝。

③ 将面粉倒入料理盆内，打入鸡蛋，撒上小葱花、盐。

④ 缓缓倒入凉水，边倒边搅拌，调成稠度适宜的面粉糊。

⑤ 不粘锅烧热，倒入 1 小勺色拉油，舀入 1 大勺面粉糊。将锅子端起来，摇一圈，使面粉糊均匀地沾满锅底。

⑥ 将蛋饼煎至金黄色后翻面，待两面均烙上漂亮的虎皮斑后盛出，卷成卷，切成段即可。

温馨提示

① 也可以将孩子喜欢的其他食材切碎，放到面粉糊中，做出来的蛋饼同样好吃。

② 为了保证蛋饼不腻，建议少放油，润锅后可以将油倒出，仅留一点儿油就够了。

金沙南瓜

难度：★ ★ ☆

主料

南瓜 300 克，咸蛋 5 个，低筋面粉 50 克，芹菜叶少许

调料

植物油 1 大勺

制作方法

① 南瓜洗净，去皮，切成条。咸蛋蒸熟，取出蛋黄放入碗内，用汤匙压成泥。

② 锅内倒入水烧开，放入南瓜条焯水，捞出沥干。平底锅里倒入油烧热，放入南瓜条炒至成型，捞出。

③ 锅留底油烧热，放入咸蛋黄泥炒至起泡。

④ 将南瓜条薄薄地裹上一层低筋面粉。

⑤ 将裹好面粉的南瓜条放入锅内翻炒均匀，让其均匀地裹上咸蛋黄，装入盛器中，用芹菜叶点缀即可。

温馨提示

因为咸蛋黄本身含有油脂，所以炒的时候不需要放太多油，否则会过于油腻。

南瓜发糕

🌿 主料

去皮老南瓜 300 克，面粉 220 克，红葡萄干、蔓越莓干各 12 克

🧂 调料

白糖 15 克，酵母 3 克，色拉油适量

📝 制作方法

① 将去皮老南瓜去瓤，切成小块，放入微波炉专用玻璃碗中，盖上碗盖，放入微波炉中，用大火加热 10 分钟至南瓜变得软烂（也可以放入蒸锅中蒸熟）。趁热加入白糖，用器具将南瓜块捣烂成泥状，放凉。红葡萄干和蔓越莓干用温水浸泡至软。酵母加 80 毫升清水化开。

② 放凉的南瓜泥中加入面粉和酵母水。用铲子将其混合均匀，混合好的南瓜面糊应比较湿软。

③ 取模具，用刷子刷一层色拉油，将混合好的南瓜面糊倒入模具中，表面盖上保鲜膜，静置发酵至原来的两倍大。

④ 将发酵好的面糊表面按入泡好的红葡萄干和蔓越莓干。

⑤ 蒸锅内倒入凉水，将装有南瓜面糊的模具放于蒸屉上，中火烧开后转小火蒸 25 分钟，熄火后再闷 5 分钟，倒扣出来，切块即可。

👨‍🍳 温馨提示

如果想让发面的效果更好，可以加适量泡打粉或小苏打。

B 族维生素——保护皮肤和口腔黏膜

B族维生素包括维生素B_1、维生素B_2、维生素B_6、维生素B_{12}、烟酸、泛酸、叶酸等。它们是维持身体正常机能与代谢活动不可或缺的。B族维生素都是水溶性的，人体内不会贮存，因此，父母们要注意在平时的饮食中，给孩子补充B族维生素含量丰富的食物。下面就介绍几种重要的B族维生素：

Q 维生素B_1有哪些作用？

A 维生素B_1又称为硫胺素，它对维持神经、肌肉特别是心肌的正常功能，以及维持正常食欲、胃肠蠕动和消化液分泌方面都有重要作用。维生素B_1缺乏的孩子会出现下肢无力，皮肤表面有针刺样、烧灼样感觉。维生素B_1含量丰富的食物有谷类、豆类、瘦肉、禽蛋、坚果、酵母等。谷类表皮部分维生素B_1的含量更高，随着谷类加工精细程度的提高，其维生素B_1的含量也在逐渐减少。

Q 维生素B_2有哪些作用？

A 维生素B_2又称核黄素，其主要功能是参与蛋白质、脂肪和碳水化合物的代谢。体内缺乏维生素B_2会引起一系列代谢紊乱，导致口角炎和口腔黏膜炎。饮食中长期缺乏维生素B_2还会导致孩子生长发育迟缓、免疫力低下。维生素B_2广泛存在于动物性与植物性食物中，如奶类、蛋类、肉类、绿叶蔬菜。

Q 维生素B_6有哪些作用？

A 维生素B_6又称吡哆素，其功能是参与蛋白质合成与分解代谢，保持神经系统功能正常，维持体内钠、钾平衡，并参与制造红细胞。维生素B_6缺乏通常与其他B族维生素缺乏同时存在，可引起体重下降、贫血、皮肤炎症、神经感觉异常、免疫力降低，还可伴有胃肠道症状如呕吐、腹泻等。维生素B_6缺乏对孩子智力发育影响较大，其影响主要表现为反应迟钝，甚至导致智力障碍。维生素B_6广泛存在于各种食物中，在瘦肉、谷类、酵母、蛋类、奶制品等食物中含量较高。

Q 维生素B_{12}有哪些作用？

A 维生素B_{12}又叫钴胺素，是一种含金属元素钴的维生素，其主要功能是促进红细胞的发育和成熟，使身体造血功能保持正常，预防恶性贫血。它还可以提升叶酸的利用率，促进碳水化合物、脂肪和蛋白质的代谢。膳食中缺乏维生素B_{12}可导致孩子发生巨幼红细胞性贫血、神经系统损害，出现疲倦、精神不振、记忆力下降等症状。膳食中的维生素B_{12}主要来源于动物性食物，如肉类、鱼虾贝类及蛋类，奶制品中也含有少量的维生素B_{12}，但植物性食物中基本不含维生素B_{12}。

常见食物的维生素B_1含量

食物	含量（毫克/100克）	食物	含量（毫克/100克）
猪肉（瘦）	0.54	黑米	0.33
黄豆	0.41	小米	0.33
小麦	0.40	猪肝	0.21
玉米面（白）	0.34	早籼（标二）	0.20
粳米（标三）	0.33	对虾	0.11

注：引自杨月欣主编《中国食物成分表（第2版）》，2009

常见食物的维生素B₂含量

食物	含量（毫克/100克）	食物	含量（毫克/100克）
鸡肝	1.10	鲫鱼	0.09
鸡蛋	0.27	粳米（标一）	0.08
黄豆	0.20	小麦粉（标准粉）	0.08
猪肉（肥瘦）	0.16	马铃薯	0.04
牛肉（肥瘦）	0.14	豆腐	0.03

注：引自杨月欣主编《中国食物成分表（第2版）》，2009

常见食物的维生素B₆含量

食物	含量（毫克/100克）	食物	含量（毫克/100克）
黄豆	0.46	猪肉（里脊）	0.20
腰果（熟）	0.43	韭菜	0.20
牛肉（里脊）	0.33	胡萝卜	0.16
猪肝	0.29	羊肉（前腿）	0.12
马铃薯	0.27	草鱼	0.10

注：引自杨月欣主编《中国食物成分表》，2004

常见食物的维生素B₁₂含量

食物	含量（微克/100克）	食物	含量（微克/100克）
沙丁鱼（油浸）	15.00	猪皮	4.53
虾酱	10.38	鲭鱼	3.77
乳鸽	7.87	腊肉	2.25
腊鹅	6.07	带鱼	2.02
金枪鱼（油浸）	5.00	鳕鱼（烤）	2.00

注：引自杨月欣主编《中国食物成分表》，2004

金色杂粮豆皮卷

 难度：★ ★ ☆

🌿 主料

大米 100 克，糙米、黑米、豇豆、面粉各 50 克，油豆皮 1 张，香菇 3 朵，胡萝卜 1 根，坚果碎 20 克

🧂 调料

色拉油、生抽、芝麻油各 1 小勺

✏️ 制作方法 •

① 将大米、糙米和黑米淘洗干净，煮成杂粮饭，加少许生抽、芝麻油拌匀。香菇洗净，切片。胡萝卜洗净，切条。豇豆洗净，切长段。将处理好的蔬菜分别放入开水锅中焯熟，捞出沥干。

② 按照 1 : 1 的比例放水和面粉，用筷子顺着一个方向搅拌成面糊。

③ 油豆皮泡软，捞出控干，从中间剪开。将半张油豆皮平铺，放上杂粮饭，摆上胡萝卜条、豇豆段、香菇片。

④ 在杂粮饭上撒上坚果碎，再卷起来。平底锅中放少许色拉油加热，放入油豆皮杂粮卷，用中小火煎至呈金黄色，盛出，改刀即可。

杂粮银耳汤

 难度：★ ☆ ☆

🌿 主料

银耳、薏米、莲子各 25 克，嫩玉米粒 75 克，枸杞数粒

🧂 调料

冰糖粉、水淀粉各 1 大勺

✏️ 制作方法 •

① 银耳放入凉水中泡发，去掉根部后撕成小片。砂锅置火上，倒入适量清水煮沸，放入薏米、莲子和银耳片。

② 用小火炖半小时至汤汁有黏性，加入嫩玉米粒煮熟。

③ 加入冰糖粉，煮至化开。

④ 用水淀粉勾玻璃芡，撒入枸杞，搅匀后煮至沸腾，原锅上桌即成。

👨‍🍳 温馨提示

银耳一定要用凉水泡发，一次不要泡太多，够吃就行。

肉香豆腐卷

主料

面粉 300 克，豆腐、五花肉馅各 120 克

调料

盐 1 克，香油、花生油各 2 小勺，酱油 1 大勺，
五香粉 0.5 克，料酒 1 小勺，姜粉 0.2 克，
酵母 3 克，小葱末适量

制作方法

① 将面粉放入盆中。将酵母加 175 克水化开，徐徐倒入面粉中，搅拌成雪花状，用手揉成表面光滑的面团。

② 将五花肉馅中放入盐、香油，搅拌均匀，腌制入味。

③ 将豆腐切成细丁，加入酱油、五香粉、料酒、姜粉，颠匀。

④ 将和好的面团醒 15 分钟，揉匀后擀成大薄片。将腌好的肉馅和豆腐丁均匀地

铺满面皮，撒上小葱末。

⑤ 将面皮卷起后切成段。不粘锅烧热，放入花生油，将切好的豆腐卷竖起来放到锅中，煎至底部变脆。

⑥ 倒入凉水，没过豆腐卷的 1/3 处，盖上锅盖，中火加热 10 ~ 12 分钟至锅中的水焙干、豆腐卷底部飘出焦香味后，盛出，撒上小葱末装饰即可。

温馨提示

① 建议用发酵面团来做，利于消化。

② 肉馅和豆腐丁要腌制入味。

③ 尽量用小葱白，加热后颜色不会变。

香肠葱花千层蒸糕

 难度：★★☆

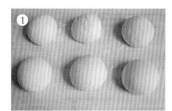

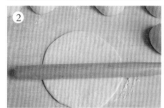

🌿 **主料**

面粉 350 克，玉米面 80 克，黄豆面 40 克，胡萝卜 1/2 根，香肠 1 根

🧂 **调料**

盐 1/2 小勺，色拉油 1 大勺，酵母 4 克，大葱 50 克

✏️ **制作方法** ·

① 大葱、胡萝卜均洗净，切末，各用一半的盐拌匀。香肠切末。酵母放入 280 克水中，混匀成酵母水。将面粉、玉米面、黄豆面混合均匀，加酵母水拌匀，揉成面团，加盖发酵至原来的两倍大。将发酵好的面团排气，搓成长条，分割成 6 个大小一致的剂子，搓圆。

② 将剂子擀成面饼。

③ 面饼放到刷过油的箅子上，在面饼的表面刷一层油，撒一层大葱末，再叠放一张面饼。

④ 在第二张面饼上刷油，撒一层胡萝卜末。用同样的方法处理其他的面饼。

⑤ 做好的千层饼生坯盖湿布醒发 20 分钟，放入蒸锅内，大火烧开，转小火蒸 20 分钟。关火 2 分钟后再开盖，在饼表面撒一些大葱末、胡萝卜末、香肠末，再开大火蒸 3 分钟即可取出，放凉以后切块食用。

👨‍🍳 **温馨提示** ·

① 每张面饼都要擀得大小、薄厚一致。

② 面饼叠放要整齐。

三豆豆浆

 难度：★ ☆ ☆

主料

黄豆、黑豆、花豇豆各 30 克

调料

细砂糖适量

制作方法

① 各种豆子需要提前泡发，至少泡四个小时，使其变软。

② 用原汁机做豆浆要选择细滤网。做出的豆浆越细腻越好。

③ 先不用开出汁口，用勺子舀入泡好后的豆子，然后再倒入 400 毫升清水，让豆子和水混合。按照一勺豆子、一勺水的顺序操作。这里必须加水，因为豆子所含的水很少，不加水就会变成糨糊状。

④ 用机器打出豆浆。

⑤ 将豆浆倒入小奶锅中，小火加热到沸腾，沸腾 4 至 5 分钟后再关火，让豆浆彻底煮熟。煮制期间要搅拌几下，避免煳底。

⑥ 将豆浆盛出，加入适量的细砂糖即可饮用。

温馨提示

① 原汁机是利用石磨原理做豆浆，所以出来的豆浆口感纯净。

② 用原汁机做豆浆，需要按一勺豆子、一勺水的顺序去操作。不加水的话，做出来的豆浆会很黏稠。

双豆花生红枣粽

难度：★★☆

🌿 主料

糯米 800 克，花生 150 克，红豆 50 克，去皮绿豆 50 克，红枣 150 克，干箬竹叶适量，马莲草叶适量

✏️ 制作方法 •

① 将红豆、红枣、去皮绿豆洗净，提前用清水泡发。

② 糯米淘洗干净，用水浸泡 8 小时以上，到用手可以碾碎的程度。

③ 马莲草叶洗净，放入开水锅中烫软后捞出。

④ 干箬竹叶放入开水锅中烫软，捞出，洗净后剪去根部硬梗。

⑤ 将糯米、花生和各种豆子沥干水，放入盆中。搅拌均匀成粽馅。

⑥ 将两张箬竹叶不光滑的面搭在一起，

折成漏斗形。先放入少许粽馅。再放入 4 ~ 5 颗红枣。然后放入粽馅至九分满。

⑦ 把多余的箬竹叶折过来盖住粽馅，两侧用手指捏紧。剩余的粽叶先捏扁，再顺势折向侧面。用马莲草叶把粽子绑紧。

⑧ 依次包好所有的粽子，放入高压锅内，加水。高压锅盖好盖，大火烧开，上汽后转小火煮 2 小时，关火再闷半小时后取出。

🍲 温馨提示 •

① 高压锅煮粽子节约时间和能源。如果用一般的锅，大的粽子通常要煮 6 小时左右。

② 若煮出的粽子一时吃不完，可以浸泡在冷水中，每天换 2 次水，可保存 2 ~ 3 天不坏。

蛋皮吐司肉松卷

难度：★☆☆

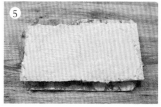

主料

鸡蛋2个，牛奶、肉松各20克，海苔1/2张，吐司2片

调料

沙拉酱20克，色拉油5克

制作方法

① 将鸡蛋磕入碗中，和牛奶混合。
② 将蛋奶液搅打均匀后过筛，备用。海苔切成条。
③ 锅烧热，放入油，润锅后用厨房用纸拭干净，倒入蛋奶液，晃动不粘锅使蛋奶液均匀地铺满锅底，将蛋奶液煎成蛋皮。
④ 吐司片用微波炉加热2分钟，切掉四个边。
⑤ 将蛋皮的虎皮面朝上，切成长方形，铺在最底层，放上吐司片，抹上沙拉酱。
⑥ 在吐司片上均匀地撒上肉松。
⑦ 将蛋皮和吐司片卷起来，切成段，用海苔条裹起来即可。

温馨提示

① 用过筛后的蛋奶液煎出的蛋皮更平整。
② 润锅后将油拭干，是为了确保煎蛋皮时不起泡。
③ 裹海苔条时可蘸少许沙拉酱，有助于黏合。

西葫芦鲜肉鸡蛋水饺

🔊 📺 难度：★ ★ ☆

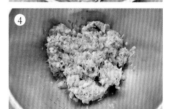

🌿 主料

面粉 230 克，西葫芦 1/2 个，鸡蛋 2 个，五花肉 200 克

🧂 调料

葱末、姜末各 10 克，盐 3 克，鲜味酱油 1 大勺，香油 2 小勺，五香粉 1 小勺，鸡精 1 克，熟花生油 1 大勺

🥢 制作方法 •

① 将水徐徐地倒入盛面粉的盆中，不断搅拌至呈雪花状，再将其揉成面团，盖上保鲜膜，醒发 30 分钟。

② 将五花肉切成细末，加入葱末、姜末、鲜味酱油、香油、五香粉、鸡精搅拌均匀，腌制入味。

③ 将西葫芦擦成细丝，用刀切碎，加入盐腌制。

④ 将西葫芦的汁攥出，留 1/2 小碗备用。在攥干水的西葫芦碎中加入熟花生油拌匀，备用。

⑤ 将西葫芦汁分次加入肉馅中，边倒边搅拌，直至肉馅将西葫芦汁充分吸收。

⑥ 锅烧热，放入油，将鸡蛋炒成蛋松，稍微放凉后和肉馅以及西葫芦碎混合，包之前加入盐调味。

⑦ 醒好的面搓成长条，切成小剂子，擀成中间厚、四周薄的饺子皮，放入馅料，捏成元宝状。

⑧ 锅中倒入 130 克水，烧开后放入饺子，将饺子煮至浮起，捞出即可。

👨‍🍳 温馨提示 •

① 将五花肉、西葫芦和鸡蛋分别处理后再混合，能使馅料充分入味。

② 加入菜汁是饺子鲜美多汁的关键所在。

丝瓜肉末汤

 难度: ★ ★ ☆

🐟 主料

猪绞肉100克,嫩丝瓜1根,鸡蛋1个

🧂 调料

细盐、白胡椒粉各1/2小勺

🥖 制作方法

① 嫩丝瓜去皮,先切成段,再切成薄片。猪绞肉加1/4小勺细盐拌匀,静置10分钟。鸡蛋打散成蛋液。

② 锅内加入4碗水烧开,放入丝瓜片,中火煮至变软。

③ 用汤匙从锅内盛出2大勺开水,冲入猪绞肉碗内,用筷子调匀。

④ 将调好的猪绞肉连同汤汁一起倒入锅内,用中火煮约1分钟至肉变色。

⑤ 保持中火,加入剩余的细盐调味,再倒入蛋液。

⑥ 蛋花煮熟后熄火,撒入白胡椒粉即可。

🍳 温馨提示

将煮开的水倒入猪绞肉中,先将肉烫至半熟,再倒入锅内煮,这样肉就不会煮得太老。

冬瓜粉丝丸子汤

 难度：★★★

主料

五花肉（肥二瘦八）400克，小冬瓜1/2个，水晶粉丝60克

调料

葱末、姜末各10克，香菜1根，鲜味酱油1大勺，五香粉1克，料酒2小勺，胡椒粉1/4小勺，鸡精1克，香油1小勺，盐4克，醋2滴

制作方法

① 将五花肉剁成细腻的肉馅。香菜洗净，切成段。

② 在肉馅中加入葱末、姜末、鲜味酱油、五香粉、料酒、胡椒粉、香油和盐，搅拌均匀，腌制入味。

③ 锅中倒入水，开火，将水烧至锅底微微冒小泡时，将肉馅用手抓起，用虎口挤出丸子，用小勺舀起制成的丸子放到锅中。

④ 煮至丸子全部漂浮，用勺子撇清浮沫。

⑤ 小冬瓜去皮、瓤，切成块备用。

⑥ 将水晶粉丝和冬瓜块一起放到汤中。

⑦ 将水晶粉丝煮至透明，冬瓜块煮至半透明，加入盐、鸡精、胡椒粉调味，关火后点2滴醋，撒上香菜段即可。

温馨提示

① 冬瓜和水晶粉丝煮制的时间不要过长。本菜选用的是耐煮的水晶粉丝，可以和冬瓜一块下锅。

② 汤汁美味的窍门：滴几滴醋，以增鲜提味。注意不要滴太多。

虾笋鲜肉小馄饨

 难度：★★☆

主料

馄饨皮60张，五花肉馅200克，鲜虾5只，笋丁60克，黄瓜1根，蛋皮1张，虾皮10克

调料

葱末、姜末各5克，盐3克，淀粉1小勺，胡椒粉0.4克，鲜味酱油2小勺，鸡精1小勺，五香粉0.5克，香油1小勺，熟花生油2小勺，小香葱1根，盐2克，醋1小勺

制作方法

① 将鲜虾去头、壳、虾线，切成粒，加入0.2克胡椒粉、盐和淀粉抓匀，腌制入味。黄瓜切成片。蛋皮切成丝。小香葱切成末。
② 将葱末、姜末放入五花肉馅中，加入鲜味酱油、鸡精、五香粉、香油腌制入味。
③ 向腌好的肉馅中少量多次地加入1/2小碗水，用筷子不断地顺时针搅拌，使肉馅充分吸收水，放入腌好的虾粒和笋丁，搅拌均匀。
④ 加入盐调味，倒入熟花生油搅拌均匀。
⑤ 将馅料放到馄饨皮中。
⑥ 馄饨皮沿对角线折起，蘸少许凉水将边捏合。
⑦ 将两个角蘸水后捏起来。
⑧ 重复⑤~⑦步，包出馄饨。
⑨ 锅中倒入水烧开，放入馄饨，煮至馄饨熟透、浮起，再放入黄瓜片、蛋皮丝、小香葱末、虾皮，加入盐、醋和剩下的胡椒粉调味即可。

维生素C——预防牙龈出血

Q 维生素C对孩子的生长发育有什么作用？

A 维生素C是一种水溶性维生素，其最广为人知的作用是预防坏血病，因此又称抗坏血酸。维生素C对孩子的生长发育有多方面作用：①促进胶原蛋白合成。胶原蛋白不仅能维护皮肤健康，对骨骼的生长发育也有促进作用。②预防贫血。维生素C能使食物中难以被人体吸收的三价铁还原为易于吸收的二价铁，从而促进铁的吸收，因此补充维生素C能预防孩子发生缺铁性贫血。此外，维生素C能促进无活性的叶酸还原为具有生物活性的四氢叶酸，故对预防巨幼红细胞性贫血也有一定作用。③提高免疫功能。具有免疫功能的白细胞发挥吞噬作用依赖维生素C的参与，而且，维生素C还是抗体合成必需的物质。

Q 缺乏维生素C会有哪些表现？

A 在维生素C缺乏早期，身体不会出现明显症状，长期缺乏维生素C就会导致坏血病，毛细血管会变得脆弱，表现出各种出血症状，如牙龈出血、皮下出血等。维生素C缺乏还可导致牙龈炎以及骨骼发育不良。

Q 哪些食物可以提供维生素C？

A 维生素C主要存在于新鲜的蔬菜水果中，尤其是绿色、红色、黄色的蔬菜水果，如辣椒、菠菜、番茄、韭菜、柑橘、橙子、柚子、草莓等。一些野生的蔬菜和水果，如苜蓿、苋菜、刺梨、沙棘、酸枣等维生素C含量尤其丰富。动物性食物中仅含有非常少量的维生素C。所以每天让孩子吃一些新鲜的蔬菜水果有助于其摄入充足的维生素C。

常见食物的维生素C含量

食物	含量（毫克/100克）	食物	含量（毫克/100克）
枣（鲜）	243	西蓝花	51
辣椒(红，小)	144	荔枝	41
芥蓝	76	蒜苗	35
中华猕猴桃	62	橙子	33
菜花	61	哈密瓜	12

注：引自杨月欣主编《中国食物成分表（第2版）》，2009

橙汁茄排

 难度：★ ☆ ☆

🌿 主料

茄子 250 克，鸡蛋 1 个，面包糠、面粉各少许

🧂 调料

橙汁 100 克，白糖 2 大勺，醋 1 大勺，花生油、香菜叶各适量

🥄 制作方法 •

① 将茄子洗净，去皮，切片。
② 鸡蛋打在碗中，搅散。
③ 茄片蘸上面粉、蛋液、面包糠，备用。
④ 锅内倒入油烧热，放入茄片炸至金黄色，捞出摆盘。另起锅，放入油烧热，加入橙汁、白糖和醋烧开，浇在茄排上，用香菜叶点缀即成。

香煎菠菜春卷

难度：★ ☆ ☆

🌿 主料

菠菜 200 克，猪肉馅 100 克，鸡蛋 2 个，馄饨皮 200 克，面包糠 100 克

🧂 调料

盐 1 小勺，酱油 1 小勺，色拉油适量，葱 2 段，姜 1 块

🥄 制作方法 •

① 菠菜洗净。将 1 个鸡蛋打在碗中，搅散成蛋液。
② 将菠菜焯软，过凉水，挤干水，切碎。葱段洗净，切成末。姜洗净，切成末。
③ 在猪肉馅里加入葱末、姜末、盐、酱油，打入 1 个鸡蛋，用筷子顺着一个方向把肉馅搅成糊状，放入菠菜碎拌匀。
④ 取馄饨皮，放入肉馅，卷成春卷。
⑤ 将春卷裹满蛋液，再裹一层面包糠，放入烧热的油锅中，用中小火慢煎至两面呈金黄色，出锅装盘即可。

菠菜煎饼

 难度：★☆☆

主料
菠菜 200 克，鸡蛋 2 个，面粉 100 克

调料
盐 1/2 小勺，色拉油少许

制作方法 •

① 将菠菜去根，清洗干净，放入开水锅中焯烫一下，捞出沥干。
② 将焯好的菠菜放入搅拌机中，加入一杯水，搅拌成菠菜汁。将菠菜汁倒入一个容器内。
③ 菠菜汁中加入面粉、鸡蛋和盐，用筷子搅拌成面糊。
④ 平底锅烧热，放入少许油，转中火，盛一勺菠菜面糊倒入锅中，一面煎熟后翻面，直到两面煎熟即可。

奶香土豆泥

 难度：★★☆

主料
土豆 2 个，草莓 3 个，奶酪 20 克，草莓味炼乳 10 克，鲜奶油 50 克

调料
黄油 10 克，黑胡椒碎 2 克

制作方法 •

① 草莓去蒂后切成粒。土豆去皮对切后，放入蒸锅内蒸 20 分钟，以用筷子轻扎能扎透为好。稍放凉后，装入保鲜袋中捣成土豆泥。在土豆泥中挤入草莓味炼乳，继续搅拌至细滑、柔软。
② 平底锅内放入黄油，加热使其化开。将土豆泥做成自己喜欢的形状，放入锅中煎至两面金黄后取出。
③ 取适量奶酪放在煎好的土豆泥前段。奶锅中倒入鲜奶油，稍加热后放入黑胡椒碎调匀。
④ 用草莓粒装饰后，将鲜奶油均匀地浇在土豆泥尾端即可。

厨房窍门 •

① 做任何以土豆为主要食材的沙拉时，都可以适量加入各种口味的炼乳，这样会使土豆泥变得细腻可口。
② 可根据孩子的口味添加黑胡椒。
③ 黄油也可以用橄榄油或花生油代替。

橙汁冬瓜罐头

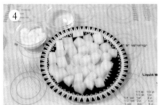

🌿 **主料**

橙子 3 个，冬瓜 200 克

🧂 **调料**

细砂糖 15 克，苹果醋 30 毫升（可用米醋或者柠檬汁代替）

✏️ **制作方法** ·······

① 橙子剥皮。
② 将果肉丢进原汁机中榨成汁。
③ 将橙汁倒在碗中。
④ 冬瓜洗净，去皮切成丁。
⑤ 冬瓜丁放入沸水中烫一下，捞出沥干。
⑥ 橙汁内倒入细砂糖拌匀，再倒入苹果醋拌匀。
⑦ 锅中加水，用中小火煮沸后倒入冬瓜丁，煮 2 分钟。
⑧ 将橙汁和冬瓜丁都倒入提前消毒过的密封罐中，放凉后密封好，放进冰箱里冷藏即可。

👨‍🍳 **温馨提示** ·······

① 细砂糖的量可以根据自己的口味调整。
② 加入苹果醋不但可以开胃，也可以起到一定的防腐作用。
③ 冬瓜在放入橙汁前最好过一遍沸水，可以去掉它本身的生涩味。
④ 剥下的橙子皮不要丢掉，可以找个保鲜袋放起来，用它做橙皮糖吃。

西柚蔬菜汁

 难度：★ ☆ ☆

🌿 **主料**

红心西柚2至3个，黄瓜2根，橙子3个

🔋 **调料**

柠檬汁少许

🥖 **制作方法** •

① 将红心西柚和橙子剥皮。黄瓜切掉底部和顶上的部分，然后切大段。

② 关闭原汁机的出汁口，启动机器，分次投入红心西柚、橙子和黄瓜段，再放入柠檬汁。

③ 将几种果蔬的汁水充分混合。

④ 打开出汁口，将果蔬汁倒入杯中即可。

番茄蔬菜汁

 难度：★ ☆ ☆

🌿 **主料**

番茄2个，芹菜1根

🥖 **制作方法** •

① 番茄清洗干净外皮。芹菜也清洗干净，切成段。

② 启动原汁机，放入番茄和芹菜段榨汁。

③ 待汁水混合后再开出汁口。为了让蔬菜汁更细腻，可以在出汁口处放一层滤网。

④ 左边出渣，右边出汁，将榨好的蔬菜汁倒入杯中即可。

番茄汁燕麦鸡肉丸

 难度：★★☆

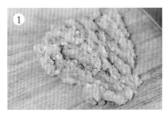

🌿 主料

即食燕麦片20克,鸡胸肉1块(约350克),蛋清1个,番茄(小)2个

🧂 调料

葱末(取葱白)、姜末各少许,白胡椒粉1克,白砂糖、盐各3克,食用油适量,香葱末适量

🥄 制作方法

① 将鸡胸肉先剁成细腻的肉馅,之后加入葱末、姜末一起剁碎。

② 倒入蛋清拌匀,再倒入即食燕麦片。

③ 用厨师机充分搅拌至上劲,让它变得黏稠。加入盐和白胡椒粉拌匀,静置10分钟。

④ 用小锅烧开水。借助虎口,将肉馅团成大小适中的燕麦鸡肉丸。

⑤ 放进烧开水的锅里煮熟,煮到燕麦鸡肉丸都浮起来就可以了。

⑥ 煮好的燕麦鸡肉丸捞出,沥干水。番茄洗净,切碎。

⑦ 锅内加油烧热,倒入番茄碎,不停地翻炒,炒出汤汁来,中途可以加一点儿水避免干锅。加入盐和白砂糖调成番茄酱汁。

⑧ 将煮熟的燕麦鸡肉丸倒进番茄酱汁里,翻拌均匀后关火,撒上香葱末即可。

👨‍🍳 温馨提示

① 鸡肉馅要静置一会儿,好入味。

② 最后炒番茄酱汁的时候,也可以加点市售的番茄酱。

维生素 D——来自阳光的维生素

Q 维生素D对孩子生长发育有什么作用?

A 维生素D是人体必需的一种脂溶性维生素,由于其具有抗佝偻病作用,又被称为抗佝偻病维生素。维生素D对孩子的生长发育有多方面的作用:

①促进身体对钙的吸收。维生素D能促进钙在小肠中的吸收,促进孩子骨骼和牙齿的钙化。

②维生素D还可促进其他营养素的吸收,并能防止氨基酸通过肾脏流失。

③维生素D还具有免疫调节功能。孩子如果缺乏维生素D会表现为骨骼发育不良、肌肉松弛,智力发育也会受到影响。长期维生素D缺乏可导致儿童佝偻病和成人的骨质软化症。但要注意的是,过量摄入维生素D会使其在体内累积,导致中毒。

Q 如何给孩子补充维生素D?

A 只要孩子平时适度进行一些户外活动,接受足够的日光照射,体内就可以制造身体所需的维生素D。这是因为皮肤中含有的维生素D前体经紫外照射后可转化成维生素D。

当然,维生素D也可以通过饮食来补充,天然食物中维生素D的含量差别很大,动物性食物是维生素D的主要来源,比如含脂肪高的海鱼、动物肝脏、蛋黄、奶油和奶酪的维生素D含量相对较多,而瘦肉、牛奶、坚果的维生素D含量较少一些。蔬菜水果仅含有少量维生素D或几乎不含。

三文鱼炒饭

 难度：★ ☆ ☆

🌿 主料

三文鱼50克，胡萝卜50克，水发香菇3朵，
芹菜2根，鸡蛋1个，米饭1碗

🧂 调料

香葱2根，盐1/2小勺，姜汁少许，花生
油适量

🥄 制作方法

① 将三文鱼切成8毫米见方的细丁。胡萝
卜切成5毫米见方的细丁。水发香菇去
掉根部，切碎。芹菜切碎。香葱分开葱白、
葱绿，切成细丁。

② 三文鱼丁放入碗中，加盐、姜汁拌匀，
腌制10分钟。

③ 炒锅置火上，倒入油烧热，放入三文鱼
丁炒至变色，盛出备用。

④ 将葱白丁、胡萝卜丁、香菇丁放入锅内
炒出香味，盛出备用。

⑤ 鸡蛋磕入碗内，用筷子打散成蛋液，淋
入再次烧热的锅内。

⑥ 用饭铲将蛋液炒散成小块状。加入米饭
炒至松散，加盐调味。

⑦ 加入事先炒好的三文鱼丁、香菇丁、胡
萝卜丁、葱白丁翻炒均匀。

⑧ 临出锅前加入芹菜碎和葱绿丁，拌匀即可。

👨‍🍳 温馨提示

① 三文鱼有些腥味，用姜汁腌制可以给鱼块去腥，最好挤一些姜汁，先腌制片刻。

② 芹菜可以给饭菜增加香气，但要注意不要过早放入，临出锅前再放口感更爽脆。

干煎带鱼

 难度：★★☆

🌿 主料

新鲜带鱼 1 条

🧂 调料

盐 3/4 小勺，白胡椒粉 1/8 小勺，料酒 4 小勺，葱片、姜片各 15 克，淀粉 20 克，姜丝、红辣椒丝各 8 克，花生油 2 小勺

🥄 制作方法

① 将带鱼处理好，洗净，切段。在鱼段上切梳子花刀，加入盐、白胡椒粉、2 小勺料酒、葱片、姜片，腌制 15 分钟。

② 锅烧热后加入油，将带鱼段裹上淀粉，下锅煎制。

③ 带鱼段煎至两面金黄，烹入剩余的料酒，盖上锅盖，稍微焖一下，收汁。

④ 盛出摆盘，留底油，将姜丝和红辣椒丝煸香，点缀在带鱼段上即可。

烤箱龙利鱼条

 难度：★☆☆

🌿 主料

龙利鱼 500 克，鸡蛋黄 1 个，面包糠 250 克

🧂 调料

白胡椒粉 2 克，盐少许，黄油 30 克

🥄 制作方法

① 龙利鱼切成 2 厘米宽的条，放入玻璃碗中，打入鸡蛋。碗内加入盐、白胡椒粉后抓匀，腌制 10 分钟。

② 腌制好的鱼条上包裹一层面包糠，轻轻压匀，让更多的面包糠粘在鱼条上。

③ 黄油变软后涂抹于烤盘上。将蘸好面包糠的鱼条均匀地摆放在烤盘上。

④ 烤箱先预热，放入鱼条，以 200℃烤制 15 分钟即可。

👨‍🍳 温馨提示

① 食用鱼条时还可以蘸些番茄沙司或是奶香沙拉酱。

② 这道菜也可以作为其他主菜的配菜。

滑蛋银鱼

 难度：★ ☆ ☆

🌿 主料

山鸡蛋 3 个，银鱼 100 克，韭薹 1 小把

🧂 调料

盐 3 克，水淀粉 1 大勺，色拉油 1 大勺

✏️ 制作方法 ·

① 将银鱼洗净，沥干水，放入碗中。

② 将山鸡蛋磕入碗中。

③ 韭薹洗净，取细嫩的那一部分，切成约 1 厘米的小段放入碗中，加入盐和水淀粉搅拌均匀。

④ 锅中加入色拉油，烧热后倒入蛋液，待其稍微凝固时用铲子轻推。

⑤ 待蛋液基本凝固时关火即可。

👨‍🍳 温馨提示 ·

① 韭薹可以给鸡蛋和银鱼增鲜，也可用韭菜代替韭薹。

② 加入水淀粉可以使蛋液嫩滑。烹制滑蛋的用油量比平时要稍多。要及时关火，以免鸡蛋炒硬，锅内余温足以使鸡蛋成熟。

金枪鱼绿菠麦胚粥

 难度: ★☆☆

🌿 **主料**

粳米 1 杯，小麦胚芽 20 克，金枪鱼罐头 1
罐，菠菜 1 小把

🧂 **调料**

熟黑芝麻、熟白芝麻各 10 克

✏️ **制作方法** •

① 将粳米清洗干净，加入煮粥所需的标准
水量，放入小麦胚芽，搅拌均匀后煮好。
② 将煮好的粥盛入碗中。
③ 打开金枪鱼罐头，将鱼肉拆碎。
④ 将鱼肉碎和汤汁放入粥中，撒上熟黑芝
麻、熟白芝麻。

⑤ 将菠菜清洗干净，放入开水锅中焯烫一
下，攥干水，用料理机打成菠菜蓉，放
入金枪鱼粥中食用即可。

👨‍🍳 **温馨提示** •

① 小麦胚芽在大型商超中有售，营养丰富，适合给孩子煮粥食用。如果没有也可以不放。
② 金枪鱼肉可以用三文鱼肉、鳕鱼肉等代替。

茄汁鱼肉丸

 难度：★ ★ ☆

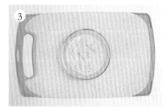

 主料

鱼肉 300 克，鸡蛋 1 个，青椒 25 克，山药 25 克

调料

番茄酱 1 小勺，蜂蜜 10 克，柠檬汁 1 小勺，植物油 8 大勺，葱姜水 1 大勺，欧芹叶少许

制作方法 •

① 鱼肉剁碎。鸡蛋打散，搅拌均匀。青椒洗净，去蒂、籽，切成三角块。

② 山药洗净后去皮，切成块。将山药块放入蒸锅内蒸熟，捣成泥。

③ 将山药泥、鱼肉泥以及鸡蛋液倒在一起，朝着一个方向搅拌，使其上劲。

④ 加入葱姜水继续搅拌均匀。将山药鱼肉泥挤成鱼丸，备用。

⑤ 锅中加入油烧热，炸熟鱼丸。另起油锅，放入番茄酱、蜂蜜、柠檬汁炒匀。再倒入鱼丸、青椒块翻炒一下，用欧芹叶点缀即可。

温馨提示 •

炸鱼丸的油不要太热，也不要一次放入太多的鱼丸。

紫菜蛋卷

 难度：★ ☆ ☆

1

2

3

4-1

4-2

主料

紫菜 1 张，猪瘦肉馅 100 克，鸡蛋 2 个，韭菜 25 克

调料

盐 1/2 小勺，料酒、香油各 1 小勺，水淀粉 1 大勺，葱 2 段，姜 1 块

制作方法

① 韭菜去掉老叶，洗净，切末。葱、姜洗净，切末。把猪瘦肉馅、葱末、姜末放进碗里，加入水淀粉、料酒、香油和盐。加入 1 个鸡蛋，搅打至肉馅黏稠。加入韭菜末，拌匀。

② 将另一个鸡蛋磕入碗中，加入水淀粉、盐搅匀。平底锅烧热，倒入鸡蛋液，摊成蛋皮。

③ 把猪肉韭菜馅放在蛋皮上，然后放上紫菜。

④ 在紫菜上再铺一层猪肉韭菜馅，卷好，放入蒸锅内，隔水蒸 30 分钟，取出放凉至温热，切成小段即可。

温馨提示

将猪瘦肉馅换成牛肉馅，口感会更筋道一些。

黑麦墨鱼丸

 难度：★★★

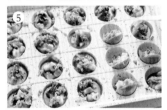

🌿 主料

低筋面粉130克，黑麦粉40克，鸡蛋2个，海苔碎少许，墨鱼小块半小碗，水果玉米粒、西蓝花各1小把

🧂 调料

味极鲜酱油12克，烧烤酱半小碗，植物油、番茄酱各少许，泡打粉2克

🥄 制作方法 •

① 墨鱼小块用开水煮1至2分钟至熟。西蓝花焯水后切碎。

② 将低筋面粉和黑麦粉混合，再加入泡打粉、200毫升清水，磕入鸡蛋搅打均匀，搅成质地细腻的面糊后加入味极鲜酱油。

③ 丸子盘用中火预热后刷少许植物油，倒入大约七分满的面糊。每个丸子面糊里放入少许墨鱼块和少许水果玉米粒，再放入少许西蓝花碎。

④ 用裱花袋在每个丸子中间挤入少许烧烤酱来增添风味。

⑤ 面糊底部凝固后，将它稍微翻起来，空出一些空间。

⑥ 继续倒入面糊。利用两根牙签协助，不断将丸子翻动，同时倒入面糊填充空隙。

⑦ 随着面糊逐渐凝固，圆滚滚的丸子就做出来了。

⑧ 将丸子穿起来后挤上少许番茄酱，再撒上少许海苔碎即可。

薄饼金枪鱼蛋卷

 难度：★★☆

 主料

单饼1张，金枪鱼罐头1罐，鸡蛋2个，青椒末、胡萝卜碎各15克，牛奶1大勺

调料

盐1克，色拉油1小勺

制作方法 •

① 鸡蛋磕入盛器中，放入青椒末和胡萝卜碎。

② 加入1大勺牛奶，放入盐，搅打均匀。

③ 不粘锅烧热，放入油，润锅后将油倒出。将蛋液倒入不粘锅中，晃动不粘锅，使蛋液均匀地平摊于锅底。

④ 将鸡蛋饼盛出，放在单饼上，然后在鸡蛋饼上均匀地铺上金枪鱼肉。

⑤ 将饼皮卷成卷，用刀切成小段即可。

 温馨提示 •

① 鸡蛋里加入牛奶，在增鲜的同时还能使鸡蛋更香更嫩。

② 建议使用不粘锅，这样煎出的鸡蛋饼更美观。

③ 油不用太多，润锅后将油倒出，仅用底油就能将鸡蛋饼煎得美观、平整。

蛋皮三丝卷

难度: ★ ★ ☆

🌿 主料

鸡蛋 2 个, 鸡胸肉 120 克, 火腿 60 克,
小黄瓜 1 根, 生菜 1 片

🧂 调料

盐 2 克, 水淀粉 1 大勺, 沙拉酱 2 小勺,
柠檬 1/2 个

✏️ 制作方法

① 柠檬切片。将鸡胸肉洗净, 放入锅中,
   加入 1 克盐和柠檬片, 小火煮开后再煮
   5 ~ 8 分钟, 捞出放凉, 备用。

② 将小黄瓜洗净, 去瓤切丝。火腿切丝。
   将放凉的鸡胸肉撕成细条。

③ 鸡蛋打散, 放入 1 克盐, 加入水淀粉搅
   打均匀。

④ 不粘锅中倒入蛋液, 无油煎制蛋皮。

⑤ 煎好的蛋皮稍微放凉, 将处理好的三丝
   放到蛋皮上。

⑥ 将蛋皮卷紧后切段, 挤上沙拉酱, 用生
   菜点缀即可。

👨‍🍳 温馨提示

① 柠檬片可以去除鸡肉的腥味。煮鸡肉时水不必过多。煮好的鸡肉用筷子插一下, 不出血水就说
   明鸡肉熟了。

② 蛋皮放入三丝后一定要卷紧, 这样切出来才美观。

奶酪黄金甜羹

难度：★☆☆

主料
南瓜 200 克，红薯 100 克，儿童奶酪条 1 根，牛奶 30 毫升

调料
细砂糖 1 大勺

制作方法
① 将南瓜和红薯洗净，去皮。
② 将南瓜和红薯切大块，上屉蒸约 15 分钟至熟透。
③ 将儿童奶酪条切块，放到锅中，小火加热至化开，放入碾碎的南瓜红薯泥，加入细砂糖。
④ 倒入牛奶，用手持料理机将食材搅打至细滑。
⑤ 小火加热至细砂糖化开、甜羹变浓稠，盛出即可。

温馨提示
① 奶酪条需要用小火化开。甜羹中加入稍带咸味的奶酪会别具风味。
② 如果没有手持料理机，可使用普通料理机。

维生素 E——抗氧化能力强

Q 维生素E对孩子的生长发育有什么作用？

A 维生素E是脂溶性维生素，又称为生育酚。维生素E对孩子的身体有多方面的作用：①发挥抗氧化作用，保护细胞免受自由基的攻击。如果维生素E缺乏，身体内的抗氧化机制可能会发生功能障碍，从而引起细胞损伤。②保护血管，改善血流状况，增强身体活力。③参与体内多种物质的合成，如DNA合成过程、辅酶Q的合成等。④有助于维持神经系统正常功能。维生素E缺乏可影响神经系统，成人对其缺乏比较耐受，儿童则比较敏感，会很快出现神经系统异常症状，认知能力和运动能力也会受到影响。

Q 哪些食物能提供维生素E？

A 富含维生素E的食物主要有植物油（如麦胚油、棉籽油、玉米油、花生油、芝麻油）和坚果（如葵花子、松子、核桃、花生、腰果）。此外，几乎所有绿叶蔬菜中都有维生素E，只是含量较少。肉、鱼等动物性食品也含有少量维生素E，水果中维生素E含量一般很少。

常见食物的维生素E含量

食物	含量（毫克/100克）
棉籽油	86.45
菜籽油	60.89
葵花子油	54.60
玉米油	50.94
核桃（干）	43.21
花生油	42.06
松子（生）	34.48
花生（炒）	12.94
鸭蛋	4.98
海参	3.14

注：引自杨月欣主编《中国食物成分表（第2版）》，2009

芝麻海带拌豆渣

 难度：★★☆

🌿 主料

北豆腐 260 克，海带 50 克，北极虾 6 只，青菜叶少许

🧂 调料

熟黑芝麻、熟白芝麻各 1 大勺，香油 1 小勺，盐 1 克，鱼生酱油 2 小勺

✏️ 制作方法

① 将北豆腐碾成泥状，用纱布包裹好，稍微攥一下。

② 将海带洗净盐分，用水泡发。将泡好的海带切碎，放到豆腐泥中，加入香油、盐和鱼生酱油搅拌均匀，放入微波炉中用高火加热 3 分钟。

③ 在调好味的豆腐泥上撒熟黑芝麻、熟白芝麻，拌匀。

④ 北极虾去头、壳、、虾尾和虾线，撕成小块。

⑤ 将豆腐泥盛到容器中，放上虾肉块，拌匀，用青菜叶点缀即可食用。

👨‍🍳 温馨提示

① 鱼生酱油鲜而不咸，能为食材带来好口味。

② 最好挑选做汤用的薄海带，既容易泡发，又容易咀嚼、消化。

核桃明珠

 难度：★★☆

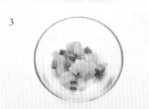

🌿 主料

核桃仁 100 克，鲜虾 15 只，胡萝卜 1/3 根，莴苣 1/5 根

🧂 调料

盐 2 克，胡椒粉 0.2 克，料酒 2 小勺，淀粉 1 小勺，橄榄油 1 大勺，水淀粉 2 小勺，香油 1 小勺

✏️ 制作方法

① 准备好核桃仁，用开水烫 3 分钟左右，将外皮撕掉，备用。

② 鲜虾去头、壳，在背部剖一刀，去掉虾线，放入盐、胡椒粉、料酒和淀粉抓匀，腌制入味。

③ 将胡萝卜和莴苣切丁，放入沸水锅中轻焯一下，捞出。

④ 锅中倒入橄榄油烧热，放入核桃仁，小火炒至有香味、颜色微黄后盛出。

⑤ 锅中放入腌好的虾仁，滑熟至变色。

⑥ 将焯好的胡萝卜丁和莴苣丁放入锅中翻炒，加入盐炒匀。

⑦ 倒入核桃仁，淋上水淀粉，炒匀后滴入香油即可出锅。

👨‍🍳 温馨提示

① 买回来的鲜虾可以放入冰箱急冻，这样容易剥壳。鲜虾提前腌制可以去腥入味。

② 对于胡萝卜和莴苣这样的食材，炒制的时候要提前焯水并勾芡，才更容易入味。

老醋花生仁

 难度：★ ☆ ☆

🌿 主料

花生仁 150 克，红菜椒 50 克

🧂 调料

蚝油 2 小勺，白糖 1 小勺，花生油、老陈醋各适量，香菜叶少许，葱 20 克

🔪 制作方法 •

① 锅内放入花生油烧热，放入花生仁炸透，放凉。红菜椒切成圈。葱切成葱花。

② 将盛器内调入蚝油、白糖、老陈醋搅匀，倒入花生仁、红菜椒圈、葱花，拌匀装盘，撒入香菜叶即成。

西芹花生仁

难度：★ ☆ ☆

🌿 主料

西芹 100 克，花生仁 75 克，胡萝卜 30 克

🧂 调料

盐 1/4 小勺，生抽、白糖、花椒油、香油、八角、葱段、姜片各适量

🔪 制作方法 •

① 将花生仁用温水浸泡 10 小时，洗净倒入锅内，加入盐、八角、葱段、姜片煮熟，捞出花生仁放至凉透。西芹、胡萝卜洗净，切成菱形块。

② 将花生仁、西芹块、胡萝卜块倒入盛器内，调入生抽、白糖、花椒油、香油，拌匀装盘即成。

南瓜玉米花生球

 难度:★★★

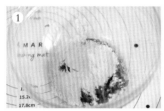

主料

玉米粉 40 克,熟南瓜泥 150 克,熟花生碎 30 克,蔓越莓 20 克

调料

白糖 25 克,玉米油少许

 制作方法

① 熟南瓜泥中加入玉米粉。
② 倒入白糖和熟花生碎,先拌匀。
③ 倒入蔓越莓和熟花生碎。
④ 将所有主料都搅拌均匀,拌好后会变成比较黏稠的糊。
⑤ 丸子盘模具里先抹点玉米油防粘,然后开始加热。
⑥ 用勺子将面糊舀进丸子盘模具中,底部的面糊会随着模具被加热先凝固。
⑦ 用筷子或者比较细长的工具将球的底部先翻上来一半,加点儿生面糊后再将已经凝固的底部翻到上面,生面糊放到下面继续加热,直到整个面糊变成一个比较圆的球即可。

温馨提示

① 没有这种丸子盘的,可以用平底锅来做。
② 因为大家用的熟南瓜泥含水量不同,所以用量仅供参考。

西芹百合炒腰果 难度：★ ☆ ☆

🌿 **主料**

西芹 100 克，百合、胡萝卜、腰果各 50 克

🧂 **调料**

盐 1/4 小勺，橄榄油 2 大勺

🥢 **制作方法** •

① 西芹、百合、胡萝卜分别洗净。百合切去头、尾，分成瓣。西芹择洗干净，切丁。胡萝卜去皮，切小薄片。准备好腰果。
② 锅内倒入橄榄油，冷油放入腰果，小火炸至酥脆，捞出沥净油。
③ 锅留底油烧热，放入胡萝卜片、西芹丁，大火翻炒约 1 分钟。
④ 再放入百合，调入盐，大火继续翻炒 1 分钟后盛出，撒上腰果即可。

👨‍🍳 **温馨提示** •

炸腰果时一定要用冷油、小火，一边炸一边翻动，以免炸糊。腰果炸好后要彻底放凉，这样腰果才会酥脆。

青瓜腰果虾仁 难度：★ ☆ ☆

🌿 **主料**

黄瓜 250 克，腰果 50 克，虾仁 150 克，胡萝卜少许

🧂 **调料**

葱花 6 克，盐 4/5 小勺，花生油 1 大勺

🥢 **制作方法** •

① 黄瓜削去外皮，剖开后去瓤，洗净，切成菱形片。胡萝卜洗净，切成同黄瓜大小一致的片，装盘备用。
② 锅中加入清水烧沸，将虾仁下锅汆水，立即捞出，沥水。另起锅烧热，放入花生油烧至六成热，将腰果下入油锅中炸熟，捞出沥油。
③ 炒锅内加入花生油，置大火上烧至八成热，放入葱花炸香，倒入黄瓜片、炸好的腰果、虾仁、胡萝卜片同炒。
④ 加入盐调味，出锅装盘即成。

松仁玉米

 难度：★ ☆ ☆

🌿 主料

甜玉米粒 300 克，松子 30 克，青椒 50 克，红椒 50 克

🧂 调料

橄榄油 15 克，白糖 10 克，盐 1/2 小勺

🔪 制作方法 •

① 青椒、红椒洗净，去蒂及籽，切成 3 毫米见方的粒。松子去壳。准备好甜玉米粒。

② 锅内放入松子，开小火将松子炒出香味，盛出备用。

③ 锅烧热，放入橄榄油，烧热。加入青椒粒、红椒粒，小火炒至断生。

④ 加入甜玉米粒、盐、白糖，用中火翻炒约 3 分钟。再加入松子，翻炒均匀即可出锅。

👨‍🍳 温馨提示 •

如果买的是鲜玉米，剥玉米粒时可以先将整个玉米掰断，然后沿着玉米粒的缝隙从玉米段的中间一切为二，再用手一行行地剥下玉米粒。

玉米脊骨汤

难度：★ ☆ ☆

🌿 主料

猪脊骨 500 克，玉米 1 根，胡萝卜 1 根

🧂 调料

盐 1/2 小勺

🔪 制作方法 •

① 猪脊骨洗净，斩成小块。锅内倒入 5 碗清水，烧开后放入猪脊骨块余烫 3 分钟，取出，冲洗干净。

② 锅洗净，重新倒入 10 碗清水，放入猪脊骨块。

③ 玉米洗净，切成小段，胡萝卜刮去表皮，洗净，切成段，与玉米段一起放入锅中。

④ 加盖，大火煮开后转中小火炖煮约 60 分钟（炖煮过程中用汤匙将锅内的浮沫捞出），煲至汤量剩 5 碗左右时，加入盐即可。

👨‍🍳 温馨提示 •

选购玉米时，最好选新鲜甜玉米，这样煲出来的汤清甜可口。

钙——让孩子长得更高

Q 钙对孩子的生长发育有什么作用？

A 钙是人体含量最多的矿物质，是构成骨骼和牙齿的主要成分，身体中几乎99%的钙集中于骨骼和牙齿。剩余的钙常以游离的离子状态存在于软组织、细胞外液及血液中。游离钙能维持身体多种正常生理功能，比如调节肌肉的收缩与舒张、维持神经兴奋性等，它对于孩子增强肌肉力量有很大帮助。骨骼钙和游离钙之间维持着动态平衡。对于孩子来说，钙的代谢速度较快。成年后钙的代谢速度会随年龄增长而减慢。

Q 缺钙会有哪些表现？

A 儿童时期生长发育旺盛，对钙需求量较多，缺钙是较常见的儿童营养性疾病。缺钙可导致孩子生长迟缓，骨骼钙化不良，新骨结构异常，严重者出现骨骼变形和佝偻病。而成年人钙缺乏可导致骨质疏松，易发生骨折。

Q 哪些食物可以提供钙？

A 奶和奶制品是钙的重要来源，且这类钙的吸收率高，豆及豆制品也是钙的较好来源。动物性食物中以贝类的钙含量最高，鱼类的钙含量也较高，而畜肉和禽肉的钙含量较低。深绿色叶菜中的钙含量也较多，如菠菜，但是因为菠菜中还含有较多的草酸，使得身体对钙的吸收率不高。水果的含钙量一般比较低。

Q 为什么说奶和奶制品适合用来补钙？

A 牛奶中的钙含量十分丰富，是优质的天然钙来源。250毫升牛奶中约含250毫克钙，几乎相当于钙每日需求量的三分之一。牛奶中还含有能促进钙吸收的多种营养素，如蛋白质、乳糖和维生素D等。蛋白质在体内消化分解为氨基酸（尤其是赖氨酸和精氨酸）后，与钙结合形成可溶性钙盐，可溶性钙盐易被身体吸收；乳糖能增加小肠吸收钙的速度；维生素D通过增加肠黏膜上皮细胞中特异钙结合蛋白的合成，从而增加小肠对钙的主动吸收。所以说，奶和奶制品十分适合用来给孩子补钙。

常见食物的钙含量

食物	含量（毫克/100克）	食物	含量（毫克/100克）
虾皮	991	豆腐	164
河虾	325	酸奶	118
海参	285	牛乳	104
海蟹	208	鸡蛋	56
黄豆	191	草鱼	38

注：引自杨月欣主编《中国食物成分表（第2版）》，2009

虾皮拌菠菜

 难度：★☆☆

🥬 **主料**

菠菜 200 克，粉丝 30 克，鸡蛋 1 个，虾皮 10 克

🧂 **调料**

生抽 1 大勺，白糖、陈醋各 1 小勺，盐 1/2 小勺，植物油 3 小勺

📝 **制作方法**

① 粉丝用温水浸泡 10 分钟至软，用剪刀剪成段。鸡蛋加盐打散。虾皮用水浸泡 5 分钟。将生抽、白糖、陈醋、盐拌匀，调成味汁。

② 平底锅烧热，抹少许植物油，倒入蛋液摊成蛋皮。

③ 用筷子掀起蛋皮，翻面再煎成金黄色，放凉后切成细丝备用。

④ 菠菜切段，放入开水锅中焯烫 30 秒，捞出，放入凉开水中过凉，挤干后盛入碗中。

⑤ 粉丝段放入开水锅内烫 1 分钟，捞出过凉后挤干，放入菠菜碗内，淋味汁。锅内放入油烧热，放入沥净水的虾皮炒出香味。将炒好的虾皮及油淋在菠菜和粉丝上，盖上蛋皮丝即可。

👨‍🍳 **温馨提示**

摊鸡蛋皮是有技巧的：将蛋液打散，入锅后快速摇锅，让蛋液均匀地摊开，可以多摇几次锅，这样做出的蛋皮薄厚均匀。

奶香山药饼

 难度：★★★

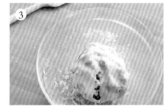

🌿 主料

铁棍山药泥 310 克，奶粉、炼乳各 15 克，糯米粉 25 克，玉米粒、蔓越莓干各半小碗

🧂 调料

植物油适量

✏️ 制作方法 •

① 准备好铁棍山药泥、糯米粉、奶粉。玉米粒提前煮熟。蔓越莓干切碎。

② 山药泥里先放炼乳调味，接着倒入奶粉、糯米粉、熟玉米粒和蔓越莓碎。

③ 用硅胶刮刀切拌，团成一个不会散开的面团。

④ 称一下面团，平均分成 10 个团子。将每个团子都滚圆后再按压成小饼。

⑤ 多功能锅提前加热，抹上植物油，再放上小饼，中小火加热，盖上盖子焖 1 至 2 分钟。

⑥ 打开盖子后将山药饼翻面，煎另一面，中途可以多翻几次面。两面都煎成金黄色就可以出锅了。

🍳 温馨提示 •

① 普通山药蒸熟后水分比铁棍山药多很多，所以如果用普通山药做，需要的粉量要翻倍，以能成团为准。

② 没有炼乳的，可以换成蜂蜜。如果不爱吃甜的，可以不使用奶粉、炼乳。

③ 这个饼需要用中小火来煎，火大了容易煎煳，既不好吃又不好看。煎的时候先抹油，两面勤翻动，煎至两面都变成金黄色即可出锅。

姜汁撞奶

难度：★ ★ ☆

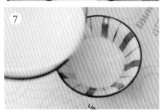

🌿 主料

全脂牛奶 500 毫升，全脂奶粉 15 克，杏仁片少许

🧂 调料

细砂糖 12 克，鲜姜 1 块

✏️ 制作方法

① 将鲜姜洗净，去皮，切成小块。放入原汁机中。

② 启动机器，开始榨汁。取 40 毫升姜汁备用。

③ 把全脂牛奶倒入奶锅中，加入全脂奶粉，这样会让牛奶的凝固效果更好。

④ 小火加热到牛奶微微沸腾后关火，再加入细砂糖拌匀，让糖化开，然后放在一

边让牛奶降温到 70℃左右。

⑤ 将准备好的姜汁平均倒入两个碗中。

⑥ 这时候牛奶凉到 70℃左右了。

⑦ 将牛奶倒进盛着姜汁的碗中。每个碗大约倒入 250 毫升牛奶，然后静置。

⑧ 静置期间不要晃动，让牛奶自然凝固。等凝固好了，撒上杏仁片即可食用。

🍲 温馨提示

① 如果不想喝热的，也可以将牛奶放入冰箱冷藏后再喝，别有一番风味。

② 将煮好的牛奶降温到 70℃左右时再倒入姜汁中，此时效果最好。如果没有温度计，就将牛奶放凉几分钟，感觉不太烫手了再倒入。

豆腐丸子

 难度：★ ★ ★

主料

豆腐 200 克，猪绞肉 300 克，香菇 2 朵，胡萝卜 1/4 根，蛋清 1 个

调料

葱末、姜末各 8 克，淀粉 15 克，五香粉 1 克，胡椒粉 1 克，鲜味酱油 1 大勺，鸡精 1 克，香油 1 小勺，盐 4 克，植物油 500 毫升

制作方法

① 准备好猪绞肉。

② 猪绞肉中加入葱末、姜末，倒入鲜味酱油，放入五香粉、胡椒粉、鸡精、香油。

③ 再加入淀粉，倒入蛋清，充分搅拌均匀，腌制 30 分钟至入味。

④ 豆腐碾成泥，放入肉馅中。

⑤ 将胡萝卜和香菇切末，放到肉馅中，同时加入盐搅拌均匀。

⑥ 调味后团成丸子。

⑦ 锅中放入植物油，烧至约 160℃，放入丸子炸至硬挺，变色后捞出。

⑧ 升高油温，放入丸子复炸至金黄色，捞出沥油即可。

温馨提示

① 猪绞肉最好挑选肥瘦相间的，加上豆腐后口感香而不腻。

② 第一遍炸制是定型，第二遍复炸可以使丸子外焦里嫩，格外好吃。

③ 可以根据孩子的口味来选择蔬菜，比如藕、笋、荸荠。

芝士夹心鸡肉丸

 难度：★ ★ ☆

🌿 主料
鸡胸肉1块，马苏里拉芝士丝半小碗，面包糠半小碗

🧂 调料
蒜末5克，生抽12克，盐3克，料酒10克，黑胡椒粉1克，淀粉8克

🖊 制作方法

① 鸡胸肉清理干净，去掉白膜和脂肪部分。

② 鸡肉用刀剁成肉泥，放入盆中。

③ 加入淀粉、生抽、蒜末、黑胡椒粉、料酒、盐。

④ 用厨师机充分拌匀，让鸡肉变黏，然后静置20分钟至入味。

⑤ 准备好马苏里拉芝士丝和面包糠。

⑥ 取适量鸡肉泥，将其按压成饼状，放上少许马苏里拉芝士丝。

⑦ 将马苏里拉芝士丝包起来，团成丸子。

⑧ 丸子在面包糠里滚一圈后，放入空气炸锅里，以190℃加热13至15分钟即可。

👨‍🍳 温馨提示

① 鸡肉本身没有什么味道，加入调料后要闻一下味道再做调整。

② 没有芝士的话也可以包入蔬菜丁或者其他馅料。包入芝士丝的时候不要让芝士丝漏出来，要不然高温烘烤后芝士丝化开了会粘在炸篮上。

③ 用空气炸锅的热风可以把鸡肉的油脂烘出来，使外面的面包糠形成油炸的效果。

④ 没有空气炸锅就用烤箱做，用烤箱的话建议打开热风功能。

白菜海米粉丝煲  难度：★☆☆

主料

大白菜8片，绿豆粉丝1把（约50克），海米10粒，猪肉80克

调料

盐1/4小勺，白砂糖1/2小勺，植物油1大勺，姜蓉5克，蒜蓉10克，葱花适量

制作方法

① 大白菜洗净。猪肉切成末。海米用温水浸泡至软。绿豆粉丝用冷水泡软。

② 将大白菜的菜帮及菜叶部分分开，分别切成块。

③ 炒锅放入植物油，冷油放入姜蓉、蒜蓉，中小火炒至出香味，加入猪肉末，用小火煸至猪肉颜色转白。

④ 加入大白菜帮及少许盐，再加入少许水，盖上锅盖煮约3分钟。

⑤ 接着加入大白菜叶、海米、盐、白砂糖，煮至菜叶变软后加入泡软的绿豆粉丝。加盖再焖煮2分钟，待粉丝吸收汤汁后，撒上葱花即可。

温馨提示

粉丝通常用冷水泡软即可，如果时间来不及也可以用温水浸泡。粉丝下锅煮制时间不宜过长，吸收了汤汁即可盛盘。

海米烧丝瓜 难度：★☆☆

主料

丝瓜2根，海米15克

调料

盐1/2小勺，白醋1小勺，色拉油1大勺，水淀粉1小勺，蒜2瓣

制作方法

① 丝瓜用刮刀刮净表皮，洗净。海米放入碗内，用清水浸泡几分钟。蒜剁成蓉。将去皮的丝瓜切成滚刀块。海米泡发后沥干水。

② 锅上火，放入色拉油，冷油放入蒜蓉、海米炒出香味。

③ 再放入丝瓜块，转中火炒匀，调入盐、白醋。

④ 将泡海米的水倒入锅内，煮至丝瓜变软。再将水淀粉淋入锅内，煮至汤汁浓稠即可。

芹菜火腿拌香干

难度：★ ☆ ☆

主料

芹菜 200 克，五香香干 3 块，火腿 100 克

调料

生抽、蚝油、白糖各 1 小勺，白醋、香油各 1 大勺，盐 1/2 小勺，蒜 2 瓣

制作方法

① 芹菜择去老叶，切成段。香干、火腿均切成丝。蒜剁成蓉。

② 锅内烧开水，放入香干丝煮 1 分钟，捞出。

③ 再投入芹菜段，烫煮 10 秒，捞出。

④ 将烫好的芹菜段、香干丝浸入凉水中约5 分钟，捞出沥干水。

⑤ 将火腿丝、芹菜段、香干丝、蒜蓉放入碗中，加入剩余调料拌匀，入味后即可食用。

温馨提示

这道菜也可做成炒菜，将芹菜、香干、火腿准备好以后，大火快炒，然后放入调料即可。

锌——促进生长和免疫

Q 锌对孩子的生长发育有什么作用？

A 锌是机体必需的微量元素之一，在孩子生长发育过程中起着十分重要的作用，比如锌是体内多种酶的组成成分，这种酶称为锌金属酶，缺锌时，酶活性降低，补充锌后酶活性恢复。因此，锌是身体新陈代谢过程中所不可缺少的。此外，锌在基因的表达调控、细胞分化、生长发育等生命过程中发挥重要作用。缺锌时将引起这些系统功能的紊乱。

Q 缺锌会有哪些表现？

A 锌是体内多种生理功能所必需的一种营养素，不像某些营养素在机体内有储存的机制，因此锌缺乏时孩子容易在短时间内出现某种代谢功能的紊乱。比如缺锌会让孩子胃口变差，出现偏食、挑食。这是因为锌是唾液中味觉素的重要成分之一，而味觉素是我们感知食物味道的重要物质。缺锌会使味觉素的合成减少，会让孩子对食物的味道不敏感，口味变得挑剔起来。长期锌缺乏可能会导致孩子生长发育迟缓和免疫力下降，使孩子经常生病。

Q 哪些食物能提供锌？

A 锌在食物中广泛存在，但食物中的锌含量差别很大，身体对锌的吸收利用率也不相同。一般来说，动物性来源的食物如贝壳类海产品、红色肉类、动物内脏类等都是锌的极好来源，父母可以选择蛤蜊、扇贝、牡蛎等贝壳类海产品给孩子补充锌。干果类、谷类胚芽也含有锌，但一般来说，植物性食物的锌含量较低。

常见食物中锌的含量

食物	含量（毫克/100克）	食物	含量（毫克/100克）
生蚝	71.20	猪肝	5.78
蛏干	13.63	牛肉（瘦）	3.71
扇贝（鲜）	11.69	黄豆	3.34
螺蛳	10.27	小麦	2.33
墨鱼（干）	10.02	稻米	1.70

注：引自杨月欣主编《中国食物成分表（第2版）》，2009

蛤蜊蔬菜奶油浓汤

 难度：★★☆

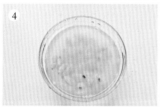

主料

鲜活蛤蜊 500 克，土豆 1 个，洋葱 1/2 个，胡萝卜 1/3 根，面粉 20 克，鲜奶油 60 毫升

调料

黄油 20 克，盐 2 克，胡椒粉 0.5 克，欧芹碎少许（点缀用）

制作方法

① 鲜活蛤蜊放到盐水中养半天，使其吐净泥沙，下锅前搓洗干净，备用。

② 锅中放入水，烧至八九成开，倒入蛤蜊，煮至蛤蜊开口，立刻关火。

③ 将蛤蜊捞出。蛤蜊汤澄清，备用。

④ 将蛤蜊去壳取肉，放到蛤蜊汤中，用筷子不断地快速搅拌，将蛤蜊肉的泥沙充分洗净，捞出蛤蜊肉，澄清蛤蜊汤。如此重复清洗 2~3 遍。

⑤ 土豆去皮，和胡萝卜、洋葱一起切丁，备用。

⑥ 锅中放入洋葱丁，干炒至洋葱丁有香味飘出，变成半透明状，放入黄油，倒入面粉，炒制成面粉糊。

⑦ 倒入澄清的蛤蜊汤，放入土豆丁、胡萝卜丁，煮约 10 分钟至食材变软。

⑧ 倒入鲜奶油，煮至汤汁浓稠，关火。放入蛤蜊肉，加入胡椒粉和盐调味，盛到容器中，点缀欧芹碎即可。

温馨提示

① 蛤蜊肉要多清洗几遍，洗去泥沙。

② 炒制面粉糊时转小火，以免炒糊。

③ 蛤蜊肉已经是熟的，所以关火后再放即可，这样蛤蜊肉不会变老、变韧。

④ 黄油、鲜奶油在大型商超有售。

台湾蚵仔煎

 难度：★ ★ ☆

🌿 **主料**

蚵仔(也叫生蚝肉、牡蛎肉)
100 克，小白菜 30 克，鸡
蛋 1 个

🧂 **调料**

蚵仔煎粉 4 大勺，番茄酱
1 大勺，白砂糖 1 小勺，植
物油 1 大勺

🔪 **制作方法** •

① 小白菜洗净，切小段。蚵仔洗净，沥干。蚵仔煎粉及 1 碗清
水放入碗内混匀，做成粉浆料。番茄酱、1 大勺凉白开、白
砂糖一起放入锅内，煮至冒小泡，做成酱料备用。
② 炒锅烧热，放入植物油烧热，放入蚵仔炒至六分熟。将 1 个
鸡蛋打入炒锅内蚵仔中，用锅铲将蛋黄铲破。
③ 将粉浆料淋在鸡蛋上面。表面撒上小白菜段，煎至饼底有些
焦黄。
④ 取一只比锅略小的盘子盖在饼上，再把锅翻过来，饼就扣在
盘子中了。将饼滑入炒锅中，煎好的一面朝上，另一面也煎
至表面有些焦黄。盛出，淋上煮好的酱料即可食用。

豉汁扇贝

 难度：★ ☆ ☆

🌿 **主料**

扇贝 500 克

🧂 **调料**

豆豉、酱油、蚝油各 1 小勺，
蒜泥、香菜末、水淀粉、
香油、花生油各适量

🔪 **制作方法** •

① 锅中加适量清水，放入扇贝烧开，待扇贝稍张开口时捞出。
取半片壳摆入盘中，放上扇贝肉。
② 炒锅放花生油烧热，下入蒜泥、豆豉炒香，放入蚝油、酱油
及少许清水烧开，用水淀粉勾芡，制成料汁。将料汁均匀地
浇在扇贝肉上，淋上香油，撒入香菜末即成。

👨‍🍳 **温馨提示** •

① 扇贝有两片壳，大小几乎相等，壳面一般为紫褐色、浅褐色、
黄褐色、红褐色、杏黄色、灰白色等。
② 未熟透的扇贝不可食用，贝肉旁的泥肠不宜食用。

3D 凤尾虾球

 难度：★ ★ ★

🦐 主料

新鲜大虾 8 只，鸡蛋 1 个，面粉 20 克，粉条 50 克

🧂 调料

料酒 1 小勺，盐 2 克，胡椒粉 0.3 克，色拉油 400 毫升，番茄酱或甜辣酱适量

✏️ 制作方法 ·

① 新鲜大虾清洗干净，放入冰箱急冻 1 小时。鸡蛋打散成蛋液。

② 将虾去掉头、壳、虾线，留虾尾巴，再将虾卷曲，背部剖一刀，上端相连，腹部剖透，将虾尾从腹部穿过来，制成凤尾虾球。

③ 将虾球放入大碗中，加料酒、盐和胡椒粉腌制入味。

④ 将粉条剪成 0.8 ~ 1 厘米的小段。将腌好的虾球先裹面粉，再挂蛋液，然后在粉条段中滚过。

⑤ 锅中放色拉油烧热，待油温升至 180℃，放入虾球，用勺舀起热油，不断从虾球的顶部淋下。

⑥ 炸至虾尾巴变红，粉条全部炸至蓬松。将虾球捞出沥油，用厨房用纸吸一下油，放入涂有番茄酱或甜辣酱的盘中即可。

👨‍🍳 温馨提示 ·

① 鲜虾急冻后会很容易剥壳。

② 如果嫌制作虾球太麻烦，可以直接用虾仁裹匀粉条段，放入油锅中炸制。

③ 粉条段不宜裹得太多。用油不断浇淋虾球可以使虾球快速成熟，同时使粉条段全部浸过油，口感酥脆。

芦笋虾球

难度：★ ☆ ☆

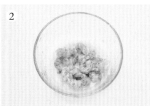

主料

鲜虾 15 只，芦笋 4 根

调料

盐 2 克，胡椒粉 0.2 克，淀粉 1/4 小勺，水淀粉 2 勺，鸡精 1 克，料酒 1 小勺，植物油 1 大勺

制作方法

① 将鲜虾清洗干净，放入冰箱中速冻至变硬。

② 将虾去掉头、壳、虾尾，在背部剖一刀，去掉虾线。用 1 克盐、胡椒粉、料酒和淀粉抓匀，腌制入味。

③ 芦笋清洗后去掉老根，斜切成小段。

④ 锅中倒入水烧开，放入芦笋段轻焯几秒钟，迅速捞出后用凉水过凉。

⑤ 锅烧热，放入油，将虾仁滑炒至打卷、变色，盛出。

⑥ 芦笋段沥干水，投入锅中翻炒。

⑦ 再放入虾仁继续翻炒数下，加入水淀粉，放入剩余的盐和鸡精炒匀。

⑧ 出锅装盘即可。

温馨提示

① 一定要选用鲜虾，现吃现剥，口感会鲜嫩无比。

② 虾提前处理可以更入味，炒出来也更鲜嫩。

③ 芦笋焯烫的时间要短，要保证其脆爽的口感。过凉水可以很好地保持其青翠的色泽。

④ 因为虾是滑熟的，芦笋是焯过的，所以炒制的时间要短，以保证好的口感。

鸡蓉明虾卷

主料

鸡肉馅 150 克，五花肉馅 50 克，大明虾 6 只，蛋清 1 个，胡萝卜 1/4 根，紫甘蓝叶 1 片，越式春卷皮 10 张

调料

盐 3 克，胡椒粉 0.3 克，料酒 1/2 大勺，鲜味酱油 1 大勺，色拉油 400 毫升

制作方法

① 准备好大明虾。

② 将虾去头、壳、虾尾和虾线，将虾肉切成小粒，放入盐、胡椒粉和料酒抓匀，腌制入味。

③ 将鸡肉馅和五花肉馅混合，放入鲜味酱油、盐、胡椒粉和蛋清搅拌均匀，腌制入味。将胡萝卜和紫甘蓝切成末，放入肉馅中。

④ 将腌好的虾肉放到肉馅中，加入适量色拉油搅拌均匀，和成馅料。

⑤ 越式春卷皮铺到案板上，放上馅料。

⑥ 卷成约 10 厘米长的卷。

⑦ 将色拉油倒入平底锅中，烧热至 140℃，放入春卷炸熟。

⑧ 捞出沥油，用厨房用纸吸净多余的油脂，切斜段食用即可。

温馨提示

① 越式春卷皮在大型商超有售，也可用普通春卷皮代替。

② 在鸡肉馅里加入五花肉馅，味道更香。

③ 肉馅和虾肉要分别腌制。

墨鱼蔬菜饼

🔊 难度：★★☆

🌿 **主料**

胡萝卜 1/2 根，秋葵适量，墨鱼半只，鸡蛋 2 个，玉米粉 40 克

🧂 **调料**

玉米油 8 克，盐 5 克，黑胡椒粉 1 克，白糖 6 克

✏️ **制作方法** •

① 用原汁机榨胡萝卜汁后取胡萝卜渣备用。
② 墨鱼洗干净后切成比较小的丁，煮一下捞出。
③ 秋葵放到沸水里焯一下。
④ 将大部分秋葵切碎，留下少许备用。将秋葵碎跟墨鱼丁、胡萝卜渣一起倒入盆中。
⑤ 打两个鸡蛋进去，将材料充分拌匀。再加玉米粉，拌匀至黏稠的糊状。再放点盐、白糖、黑胡椒粉调味。

⑥ 留下的秋葵切成片。
⑦ 不粘锅或者是电饼铛里加少许玉米油烧热。用勺子舀适量面糊放入锅中，摊成圆饼状。表面按上几个秋葵片装饰，煎到饼身上有比较密集的小泡泡出现时就可以翻面了。翻面后继续烙一会儿，等两面都完全熟了为止。
⑧ 也可以将面糊倒进锅里，摊成一个大饼，煎熟后切成小块。

👨‍🍳 **温馨提示** •

① 也可以先将墨鱼肉提前过沸水煮一下，这样后面切丁的时候也好操作。
② 墨鱼也可以换成鱿鱼、虾仁、扇贝或者是鳕鱼。
③ 秋葵买不到可以换成你喜欢的蔬菜。但建议蔬菜要先焯水，避免口感生涩。
④ 没有玉米粉就换成普通面粉，最后添加的玉米粉的量其实比较灵活，加的多烙出来的饼就比较扎实，加的少烙出的饼就比较软，可以按喜好调整。

铁——预防缺铁性贫血

Q 铁对孩子的生长发育有什么作用？

A 铁也是身体必需的微量元素之一，发挥着非常重要的生理功能，比如铁是体内血红蛋白、肌红蛋白的构成成分，参与体内氧的运送和组织细胞的呼吸过程。血红蛋白能与氧结合，在从肺输送氧到组织细胞的过程中起着关键作用；肌红蛋白仅存在于肌肉组织内，其基本功能是在肌肉中转运和储存氧；铁还可维持正常的造血功能，身体内约三分之二的铁在红细胞中，缺铁会影响血红蛋白的合成，影响红细胞的增殖，还可使红细胞携带氧气的能力降低。此外，铁可参与抗体产生，对维持正常免疫功能具有重要的作用。

Q 孩子缺铁会造成什么影响？

A 孩子如果缺铁最直接的表现是贫血。缺铁是一个从轻到重的渐进过程，一般可分为三个阶段：第一阶段只是铁储存减少，表现为血清铁蛋白含量降低，这一阶段称为铁减少期，此阶段尚不会引起明显的症状；第二阶段是血红蛋白合成能力下降，这是因为体内缺乏足够的铁，从而影响血红蛋白的合成，此外转铁蛋白质饱和度下降，这一阶段称为红细胞生成缺铁期，但此时血红蛋白浓度尚未降至贫血的标准；第三阶段是血红蛋白浓度下降，身体出现贫血的症状，如头晕、乏力等，这一阶段称为缺铁性贫血期。缺铁可损伤孩子的认知能力，缺铁的孩子易烦躁，对周围事情缺乏兴趣，从而导致学习能力下降。缺铁还可影响机体的免疫功能，使孩子容易生病。

Q 哪些食物能提供铁？

A 食物中能提供的铁分为两大类：血红素铁和非血红素铁。血红素铁主要来自猪肉、牛肉、羊肉等红肉，且吸收率较高。非血红素铁主要存在于植物性食物和乳制品中，但是吸收率比较低。

常见食物的铁含量

食物	含量（毫克/100克）	食物	含量（毫克/100克）
木耳（干）	97.4	虾米	11.0
紫菜（干）	54.9	黄豆	8.2
猪肝	22.6	高粱米	6.3
鲍鱼	22.6	菠菜	2.9
海参	13.2	鸡蛋	2.0

注：引自杨月欣主编《中国食物成分表（第2版）》，2009

牛肉蔬菜千层饼

难度：★★☆

主料

● 馅料

牛肉馅 300 克，胡萝卜 1/2 根，水发香菇 8 朵，洋葱 2/3 个，鲜味酱油 2 大勺，盐 3 克，胡椒粉 0.5 克，鸡精 1/2 小勺，香油 1 小勺，熟花生油 1 大勺

● 面皮

面粉 350 克，水 200 克，酵母 2 克

制作方法

① 准备好面粉。酵母溶解到水中，向面粉中徐徐加水，用筷子将面粉搅拌成雪花状后揉成面团。将面团醒发 10 分钟，揉成光滑的面团。

② 牛肉馅加入鲜味酱油、胡椒粉、鸡精、香油提前腌制入味。将洋葱、胡萝卜、水发香菇切末，备用。

③ 将蔬菜末放入肉馅中拌匀，放入熟花生油，加盐调味，搅拌均匀。

④ 案板上撒面粉（分量外），将醒好的面擀成方形的大面片，在面片上切上 4 刀

（位置分别在方形的两条边，也就是两刀将短边分成 3 等份，另一边也如此，切的长度是面片长的 1/3）。

⑤ 将肉馅铺满面片。

⑥ 从左侧开始，将面片上下折。向右折，面片再次上下折，包住折过来的部分。

⑦ 再次向右折，然后上下折面片，将折过来的部分包住。将面片收口尽量捏紧，擀成大饼。

⑧ 用电饼铛将饼烙熟至表面金黄，切块食用即可。

温馨提示

① 牛肉馅里加入蔬菜和熟花生油可避免肉质发柴。荤素的搭配非常适合孩子食用。

② 新手注意：不要将馅填得太多，以免操作困难。

③ 烙制的时候可以在电饼铛上抹少许油，如果怕油腻，可以不放油直接烙制。

照烧牛肉饭

🔊 难度：★☆☆

🌿 **主料**

火锅肥牛片 200 克，洋葱 1/2 个，胡萝卜 1/2 根，西蓝花 50 克，米饭 1 碗

🧂 **调料**

蒜 2 瓣，姜 10 克，生抽 2 大勺，老抽 1/2 小勺，料酒 3 大勺，白糖 3/4 大勺，色拉油 1/2 大勺

📏 **制作方法** •

① 胡萝卜去皮洗净，用模具做成花形。西蓝花洗净，掰成朵。洋葱切成条。蒜切片。生姜切丝。将生抽、老抽、料酒、白糖放入碗内混合均匀，做成料汁。随后，锅内倒入色拉油，冷油放入洋葱条、蒜片、姜丝炒香。

② 将调好的料汁倒入锅内，大火烧开后放入肥牛片，炒匀。

③ 锅再次烧开后转小火，烧至汤汁浓稠，快收干时盛出，放在米饭上。

④ 将胡萝卜片、西蓝花放入开水中焯熟，捞出，摆放在碗边即可。

干炒牛河

🔊 难度：★☆☆

🌿 **主料**

河粉 600 克，韭黄 120 克，黄豆芽 120 克，新鲜牛肉 150 克，鸡蛋清 1/4 个

🧂 **调料**

小苏打 1/8 小勺，料酒 1/2 大勺，蚝油 1 大勺，生抽 4 大勺，老抽 2 小勺，白糖 2 小勺，盐 1 小勺，植物油 2 大勺，香油 1 小勺，水淀粉 1 大勺，香菜叶少许

📏 **制作方法** •

① 牛肉切成薄片，加小苏打拌匀，腌制 30 分钟，然后依次加入料酒、蚝油、2 大勺生抽、水淀粉以及 1/4 的鸡蛋清拌匀，再腌制 10 分钟后加香油拌匀。

② 韭黄洗净，切成段。黄豆芽切除根部，备用。

③ 取一小碗，放入白糖、2 大勺生抽、老抽、1/4 小勺盐调匀，备用。

④ 炒锅烧热，倒入植物油，放入牛肉片滑炒至变色，再放入黄豆芽和韭黄段炒匀，然后放入河粉翻炒至上色，加入剩余盐调味，颠炒均匀，放香菜叶即可。

👨‍🍳 **温馨提示** •

如果不能颠锅，可以用筷子翻炒，一定不要用锅铲翻炒，不然很容易把河粉炒碎。

萝卜焖牛腩

难度：★ ☆ ☆

🌿 主料
新鲜牛腩 500 克，白萝卜 1 根

🧂 调料
老抽 2 小勺，花椒 10 粒，生抽、米酒、香油、植物油各 1 大勺，冰糖 6 块，白胡椒粉 1/4 小勺，柱侯酱 2 大勺，桂皮 1 根，八角 3 个，香叶 3 片，葱段、姜片、蒜片、香菜叶各适量

🥄 制作方法
① 牛腩切块，放入沸水中焯烫，水再次开后即可将牛腩块捞出。
② 炒锅内倒入植物油烧热，放入葱段、姜片、蒜片、花椒、八角、桂皮、香叶，小火炒出香味。
③ 加入牛腩块、柱侯酱炒匀，加 600 毫升清水、米酒、生抽、老抽、冰糖，加盖，大火煮开后转小火煮约 90 分钟。
④ 白萝卜去皮，切块，放入开水锅中大火煮开，再转中火煮 8 分钟，捞出。
⑤ 待汤汁剩下少许，用筷子能轻松插入牛腩块中时，加入白萝卜块。再加入香油、白胡椒粉，用小火煮约 15 分钟，煮至汤汁浓稠，白萝卜块上色后盛出，撒上香菜叶即可。

👨‍🍳 温馨提示
牛腩要先下锅烫热，去除血水，这样肉质会更加鲜嫩。

咖喱炖牛腩

难度：★ ☆ ☆

🌿 主料
牛腩 1000 克，白洋葱、番茄、土豆各 1 个，胡萝卜 1 根

🧂 调料
蒜 3 瓣，色拉油 1 大勺，日式咖喱块 240 克，香菜叶少许

🥄 制作方法
① 番茄切块。洋葱切块。土豆、胡萝卜均切成 2 厘米见方的块。
② 牛腩切 4 厘米见方的块。锅内烧开水，放入牛腩块焯烫至水开，捞出沥水。
③ 炒锅放入色拉油烧热，下一半的洋葱块炒至淡黄色，加入番茄块炒软。加入牛腩块、蒜及适量开水，水量要没过牛腩块，大火煮开。连汤汁一起倒入电压力锅内，按下"排骨"功能键，炖至用筷子可轻松扎透牛腩块即可。
④ 另起油锅烧热，下入剩余的洋葱块炒至淡黄色，加入土豆块和胡萝卜块翻炒 3 分钟。倒入炖好的牛腩块和汤，加入日式咖喱块，中火烧开，然后改小火熬 30 分钟，熬至汤汁变得浓稠后盛出，撒香菜叶即可。

👨‍🍳 温馨提示
咖喱块一般都标明辣度，分为微辣、中辣、辣，给孩子吃可选择微辣的，用量也可适当减少。

南瓜腊味饭

 难度：★☆☆

主料

南瓜 200 克，大米 1 杯，腊肠 1 根，水发香菇 2 朵，洋葱半个，胡萝卜 1 根

调料

香葱 1 根，盐 1/2 小勺，蚝油 1 小勺，色拉油 1 大勺

制作方法

① 南瓜去皮洗净，切块。腊肠、水发香菇、洋葱、胡萝卜洗净，切丁。香葱切成葱花。

② 大米洗净，放入电饭锅中，加南瓜块，加适量水，蒸熟。

③ 锅内倒入色拉油烧热，放入香菇丁、洋葱丁、胡萝卜丁炒出香味，再放入腊肠丁，炒熟。

④ 将煮好的南瓜饭倒入锅中，翻炒均匀。

⑤ 调入盐、蚝油炒匀，撒上葱花即可。

温馨提示

饭不要煮得太烂，也不要把南瓜煮得太烂。

西蓝花拌黑木耳

难度：★☆☆

主料

西蓝花 1 个（约 200 克），水发黑木耳 20 克，胡萝卜 20 克

调料

蒜 2 瓣，生抽 1 大勺，陈醋 1 大勺，白砂糖 1 小勺，香油 1 小勺，色拉油 1 小勺，盐 1/2 小勺

制作方法

① 水发黑木耳去掉根部，切成小块。西蓝花切小朵，放入盐水中浸泡几分钟，捞出洗净。胡萝卜去皮切丝。蒜剁成蓉。

② 将生抽、陈醋、白砂糖、香油、蒜蓉放在碗内调匀成料汁，备用。

③ 锅内倒入清水，加入色拉油和盐，水烧开后放入西蓝花焯烫约 2 分钟，捞出，放入凉开水中过凉。再分别放入黑木耳块、胡萝卜丝焯烫约 1 分钟，捞出过凉。

④ 将西蓝花、黑木耳块、胡萝卜丝放入碗内。将调好的料汁淋在碗内的蔬菜上，拌匀即可。

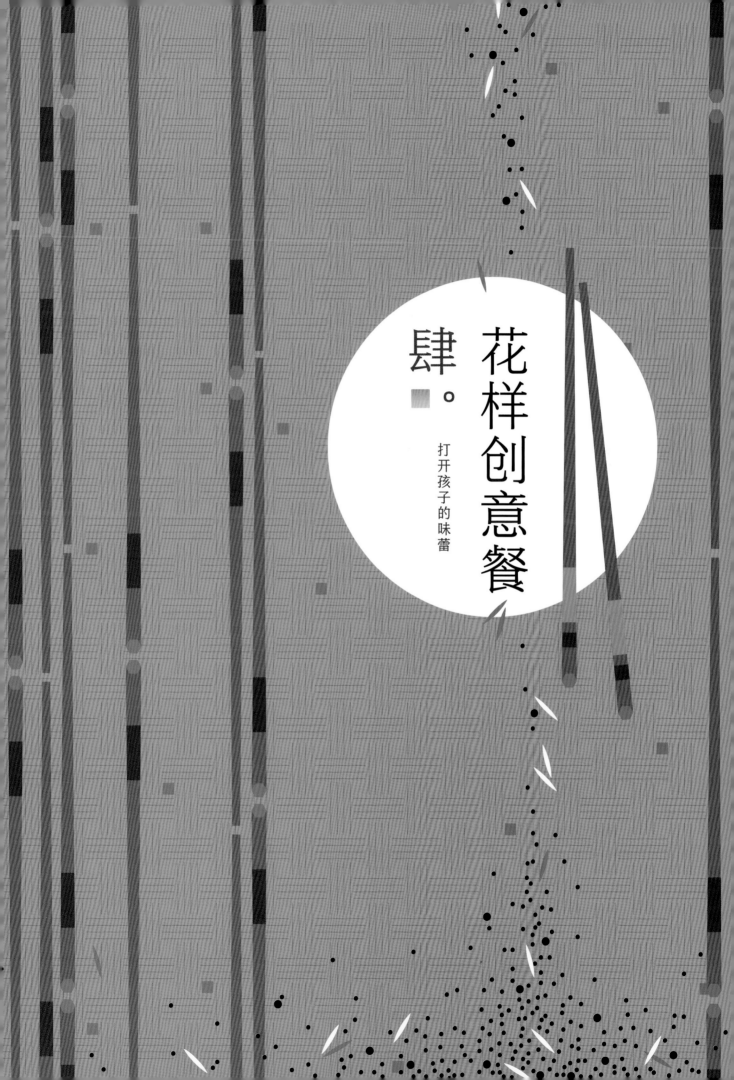

肆。花样创意餐

打开孩子的味蕾

让孩子爱上吃饭

孩子经常没食欲，不爱吃饭怎么办？

A 导致孩子不爱吃饭的原因主要有饮食习惯不良、饭菜不合孩子的口味以及体内缺乏微量元素等。如果孩子经常厌食，就容易出现营养不良的情况，从而导致体重减轻，影响孩子的生长发育。父母可以尝试从以下方面应对孩子不爱吃饭的情况：

（1）建立规律的饮食习惯，每天按时就餐。孩子要和家庭其他成员一块吃饭，这样吃起饭来更香。两餐的间隔时间最好保持在3.5～4小时，使胃肠道有一定的排空时间，这样容易产生饥饿感。不要让孩子在饭前吃大量零食，避免孩子产生饱腹感影响进食。饥饿时孩子对过去不太喜欢吃的食物也会感兴趣，时间长了他们便会慢慢适应那种味道，潜移默化地接受那些不太喜欢吃的食物。

（2）注重饮食的花色搭配和烹调方式，刺激孩子的食欲。菜应该切得更细一些、碎一些，便于孩子咀嚼。同时注意色、香、味、形的搭配，增进孩子食欲。还可以将各种颜色的蔬菜打成蔬菜汁，比如胡萝卜汁、番茄汁等，用这些蔬菜汁和面，变成彩色面，然后用这种彩色面包饺子、做面条都可以，颜色鲜艳的食物会增加孩子的食欲。

（3）让吃饭时间成为安静快乐的时刻。吃饭时父母不要采取哄骗、恐吓等手段强迫孩子进食，更不能在吃饭时教训孩子，以免孩子产生逆反心理。可以采用一些转移注意力的方式来增加吃饭的乐趣，比如讨论一下今天遇到哪些有趣的事情，巧妙地将话题转移到"吃"之外，孩子便会在这种轻松就餐的氛围中感受到乐趣，慢慢也就爱上吃饭。孩子吃得好的时候，父母要适时进行表扬。

（4）补充锌、铁等微量元素。有研究表明，厌食儿童多伴有不同程度的缺铁和缺锌，会出现食欲不振、味觉减退等症状，因此当孩子不爱吃饭时，父母要带孩子检查一下是否缺锌、缺铁。若检查发现这两项指标偏低，需在医生的指导下补充铁、锌制剂，随着缺铁和缺锌的纠正，孩子的食欲也会大为改善。

孩子不爱吃某些食物怎么办？

A （1）变换食物的烹调做法。多尝试，找到孩子能接受的方式。比如，孩子不爱吃鸡蛋，父母就可以变着花样做，如做成水煮蛋、蒸蛋羹、蛋炒饭、蛋皮卷、番茄炒鸡蛋等。孩子不爱吃肉，可将肉做成水饺或馄饨；不爱吃鱼肉，可将鱼肉做成鱼丸；如果不爱吃蔬菜，可把蔬菜剁碎后包在面食里，做成水饺、包子、馅饼、馄饨等，这样可以让这些食物以很"隐蔽"的方式被孩子吃掉。尽可能给孩子提供荤素搭配的均衡饮食。总之，家长要注意食物的色、香、味、形，通过这些来调动孩子对食物的积极性。

（2）家长要以身作则，不要在孩子面前谈论某种食物不好吃，或者有什么特殊味道之类的。对孩子不喜欢吃的食物，多给他们讲讲这些食物有什么营养价值，吃了以后对身体有什么好处。而且父母应在孩子面前做出表率，边吃边称赞那些食物吃起来味道可口。当孩子表示也想吃一点时，要及时表扬孩子。

（3）不要采取强硬手段让孩子接受某种食物。特别是当孩子对个别食物不肯接受时，不必太勉强，可用其他营养成分近似的食物来代替，也许过一段时间孩子自己就会改变的。

不同颜色的食物有哪些营养功效？

A 不同颜色的食物所含的营养成分不同，在日常饮食中，将各种颜色的食物相互搭配食用，不仅能增进孩子的食欲，还能做到营养均衡。

黑色食物有黑芝麻、黑糯米、黑木耳、黑豆、黑米等。黑色食物大多含有人体必需氨基酸、亚油酸、维生素以及铁、锌、硒、钼等多种微量元素。黑色食物具有促进唾液分泌、帮助胃肠消化、通便、提高免疫力、润泽肌肤、养发等作用，因此对孩子的健康有益。

红色食物有红肉、红辣椒、红苋菜、红枣、番茄、红心甘薯、山楂、苹果、草莓、红米等。红色食物中含有的番茄红素等营养物质有提高免疫力、抵抗自由基、增强记忆力、减轻疲劳的作用。红肉中的血红蛋白铁能补充铁元素，预防贫血。除此之外，红色食物在视觉上也能给人以新鲜感，使孩子精神振奋，胃口大开。

黄色食物主要有玉米、南瓜、黄豆、柑橘、韭黄、木瓜等。黄色食物最大优势是富含维生素A、维生素D和丰富的胡萝卜素。维生素A能保护胃肠道黏膜，防止腹泻、胃溃疡、胃炎等发生；维生素D可促进钙、磷两种矿物质的吸收，预防佝偻病发生；胡萝卜素对眼睛有益，保护孩子的视力。

所有的绿色蔬菜都是绿色食物，绿色食物含有丰富的维生素C、胡萝卜素和铁、硒、钼等微量元素，以及大量膳食纤维。其中膳食纤维有利于孩子身体的消化吸收功能，使大便通畅，保持肠道菌群多样性，促进胃肠道健康。维生素C有助于增强身体抵抗力。对于孩子来说，每天都应摄入富含多种营养素的绿色食物。

紫色食物有樱桃、茄子、李子、蓝莓、紫葡萄、紫菜等。紫色蔬果中含有花青素。花青素具有一定的抗氧化能力，对细胞有益。紫色食物中还含有丰富的芦丁，芦丁能增强毛细血管的弹性，改善细胞代谢。紫色食物中富含的维生素B_1、维生素B_2能加速血液循环。

白色食物主要有冬瓜、甜瓜、大米、竹笋、茭白、白萝卜、菜花、大蒜、豆腐、奶酪、牛奶等。其中豆腐、牛奶、奶酪等白色食物富含钙元素。而茭白、冬瓜、竹笋、白萝卜、菜花等白色食物富含膳食纤维及一些抗氧化物质，这些抗氧化物质具有提高免疫力、促进胃肠道健康、保护心脏的作用。大蒜是烹饪时不可缺少的调味品，其含有的蒜氨酸、大蒜辣素等成分能杀灭多种病原菌，可以增强身体的抗病能力。常食白色食物对调节视力与安定情绪也有一定的作用。

蛋趣沙拉

 难度：★ ☆ ☆

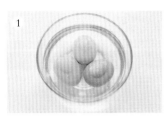

主料

山鸡蛋 3 个，土豆 1/3 个，什锦蔬菜粒 40 克，装饰用生菜 2 片

调料

沙拉酱 2 大勺

 制作方法

①将山鸡蛋冷水下锅，煮熟后捞出，用凉开水过凉，便于去壳。

②将土豆去皮，切成和什锦蔬菜粒大小相仿的粒。锅中倒入水烧开，放入土豆粒煮熟后捞出。锅中再放入什锦蔬菜粒焯烫，盛出。

③鸡蛋剥壳，把鸡蛋底部的蛋清削掉一小部分，便于直立，将鸡蛋的顶部切开，小心地抠出蛋黄，注意保持蛋清的完整。

④将切掉的蛋清切成和蔬菜大小相仿的粒。所有食材放到一起，挤上沙拉酱拌匀。

⑤拌好的食材填入蛋清容器中，装入垫有生菜的盘中即可。

 温馨提示

所用食材不必拘泥于本菜所使用的，可根据孩子的喜好调整。

土豆沙拉

 难度：★ ☆ ☆

主料

土豆 350 克，火腿 120 克，黄瓜 60 克，胡萝卜 50 克，鸡蛋 2 个

调料

沙拉酱 5 大勺，盐 1/4 小勺，薄荷叶 1 片

制作方法

① 胡萝卜、黄瓜均洗净去皮，切小薄片。火腿切丁。

② 土豆去皮，洗净，切块，放入微波容器内，加盖大火加热 5 分钟，取出放凉。

③ 将蒸好的土豆块放入食品袋内，用擀面杖擀成泥。

④ 锅内倒入水烧开，放入胡萝卜片焯熟，捞出沥干。

⑤ 鸡蛋冷水下锅，煮熟，捞出，去壳，切成细末。

⑥ 将处理好的所有材料放入碗内，加入沙拉酱、盐，搅拌均匀，用薄荷叶点缀即可。

温馨提示

① 土豆要加热至可以压成泥状的程度。

② 鸡蛋一定要完全煮熟，溏心蛋不容易切碎。

③ 将做好的土豆沙拉放入密封的容器中，放入冰箱冷藏 2 小时后食用，味道更佳。

培根腰果沙拉

 难度：★ ☆ ☆

主料

小黄瓜 1/2 根，圣女果 10 个，红苹果半个，紫皮洋葱 1/4 个，培根 2 片，生菜 2 片，腰果 50 克，酸奶 1 杯

调料

植物油适量

制作方法

① 锅内放入植物油，冷油放入腰果，用小火半煎半炸至熟。炸熟的腰果表面呈金黄色。

② 将腰果捞出，沥净油，放凉备用。

③ 培根片放入无油的热锅里，用小火煎熟。

④ 培根切小方片。小黄瓜、红苹果分别切小块。紫皮洋葱切丝。

⑤ 生菜放入容器中垫底，放入所有蔬果，食用时拌上酸奶即可。

温馨提示

炸腰果的时候一定要冷油下锅，用小火炸，不然腰果表面容易炸糊，而里面还不够酥脆。

小主厨沙拉

 难度：★ ☆ ☆

🌿 主料

鸡胸肉1/2片，生菜叶2片，熟鸡蛋1个，熟虾仁5个，青椒1/4，奶酪2片，圆火腿2片，番茄1/2个

🧂 调料

柠檬1/2个，清酒2小勺，盐1克，沙拉酱2大勺

🥄 制作方法 •

① 柠檬切成片。鸡胸肉清洗干净，下锅，放入柠檬片，倒入清酒和盐，煮熟。
② 煮熟的鸡胸肉顺丝切成条。
③ 将熟鸡蛋切成片。
④ 将青椒洗净，去蒂及籽，切成丝。奶酪、圆火腿均切成丝。番茄切成丁。
⑤ 生菜叶洗净，沥干水，撕成片。
⑥ 将所有食材放在盘中。
⑦ 淋上沙拉酱，拌匀食用即可。

👨‍🍳 温馨提示 •

① 小主厨沙拉的食材比较丰富，像洗菜、剥鸡蛋等工作可以让孩子自己动手帮忙。
② 鸡胸肉加入柠檬可以去腥，同时增加风味。
③ 可以根据自己的口味搭配酱料。加入酱料后要充分拌匀。

猪肉汉堡

难度：★ ★ ☆

主料

高筋面粉 200 克，低筋面粉 50 克，鸡蛋 30 克，鲜奶 140 克，全蛋液适量，猪肉馅 250 克，新鲜生菜 2 片，番茄（切片）1 个，汉堡芝士片 2 片

调料

细砂糖 25 克，盐 1/2 小勺，白芝麻少许，酵母 1 小勺，黄油 25 克，植物油 1 大勺，蚝油 1/2 大勺，砂糖 1/2 小勺，黑胡椒粉 1 小勺，玉米淀粉 3 大勺，料酒 1 大勺，沙拉酱 1 大勺

制作方法

① 将高筋面粉、低筋面粉混合，加鲜奶、少许盐、细砂糖、鸡蛋、黄油、酵母、清水，揉成面团，发酵约 1 小时，将大面团按每份 100 克分割成小面团，放入涂植物油的汉堡模内。

② 面团在汉堡模内再次发酵 30 分钟，表面刷全蛋液，撒白芝麻。烤箱预热到 200℃，上下火 180℃，将汉堡坯放在中层烤 20 分钟。

③ 猪肉馅加上剩余的盐、黑胡椒粉、玉米淀粉、蚝油、料酒、砂糖，用筷子按同一方向搅拌至成团，起胶。

④ 将肉团分成小肉饼，放入平底锅中，加 1 大勺水，盖上锅盖，焖至水干，开盖煎片刻。

⑤ 汉堡饼一切两半，分别在切面涂抹沙拉酱，夹上新鲜生菜、汉堡芝士片、番茄片、煎好的肉饼，再盖上另一半汉堡饼即可。

鸡肉黄瓜卷

 难度：★ ★ ☆

🌿 **主料**

薄饼3张，鸡胸肉1块，黄瓜1根，生菜3片，鸡蛋1个，黄金面包糠20克

🧂 **调料**

盐2克，白胡椒粉0.5克，淀粉15克，甜面酱20克，色拉油400毫升，柠檬1/3个

🥄 **制作方法** ⸱

① 将鸡胸肉清洗干净，用刀背轻斩两遍，加上盐、白胡椒粉，挤上柠檬汁，腌制15分钟至入味。

② 将鸡蛋去壳，搅打均匀。将腌好的鸡胸肉先裹淀粉，再挂蛋液，裹满黄金面包糠，压实。

③ 锅中倒入色拉油，加热到170℃，将处理好的鸡胸肉放到锅中炸制。

④ 炸至两面金黄，捞出沥油，用厨房用纸吸净多余的油脂。

⑤ 炸好的鸡胸肉切条。黄瓜切条。生菜洗净。

⑥ 将薄饼用微波炉加热后放上鸡胸肉条、黄瓜条和生菜，刷上甜面酱。

⑦ 将薄饼卷起来即可。

👨‍🍳 **温馨提示** ⸱

① 薄饼可以自制，也可以买现成的，加热后卷上孩子喜欢的食材，美味又方便。

② 黄金面包糠容易上色，炸制的时候注意观察，以免焦煳。

番茄意大利面

 难度：★☆☆

🌿 主料

猪肉馅 300 克，洋葱 100 克，番茄 200 克，意大利面 400 克

🧂 调料

番茄酱 150 克，生抽 1 小勺，蚝油 1 小勺，白糖 1/2 小勺，盐 1/2 小勺，黑胡椒粉 1/2 小勺，料酒 1 大勺，橄榄油 1 小勺，芝士粉 1 小勺，食用油 1 大勺，薄荷叶少许，蒜 2 瓣

🖊 制作方法

① 洋葱洗净，切碎。番茄洗净，切块。蒜剁成蓉。锅内放入食用油，冷油放入蒜蓉、洋葱碎炒出香味。

② 加入猪肉馅，翻炒数下，调入料酒，小火慢慢炒至猪肉馅出油，表面呈微黄色。

③ 加入番茄块，翻炒均匀。调入番茄酱、生抽、蚝油，倒入少许清水。

④ 煮至番茄变成酱汁后，加入白糖、黑胡椒粉，继续熬至酱汁浓稠即可盛出。

⑤ 锅内倒入水，放入盐、橄榄油，加盖烧开后，放入意大利面，大火煮 15 分钟左右。捞出面条，过凉水，取出沥干，盛入大盘内，淋上做好的番茄肉酱，撒芝士粉，用薄荷叶点缀即可。

🍲 温馨提示

番茄酱一定要多放，直至肉的色泽都变红为止，这样做出来的面才色鲜味浓。

大白土豆鸡肉咖喱盖饭

（喇叭图标）难度：★★☆

🌿 主料

米饭1小碗，中等大小的土豆2个，鸡腿1只，口蘑3朵，胡萝卜1/2根，小洋葱4个，青椒、红椒各1/2个，生菜1片，牛奶30毫升，海苔少许

🧂 调料

盐2克，胡椒粉0.5克，淀粉2小勺，清汤1碗，鲜味酱油2小勺，咖喱2块，色拉油适量

🥄 制作方法

① 鸡腿去骨，处理成小块，加入盐、胡椒粉和淀粉抓匀，腌制片刻。

② 土豆、口蘑、胡萝卜、小洋葱清洗后，切成小块。青椒、红椒去蒂及籽，切菱形片。

③ 锅中放入色拉油，烧热，放入腌好的鸡肉块，煎至变色后盛出。

④ 锅中先放入洋葱块爆香，再放入胡萝卜块、土豆块、口蘑块翻炒均匀。

⑤ 放入鸡肉块，加入鲜味酱油翻炒至入味。

⑥ 加入牛奶和清汤，烧开，转小火慢炖。

⑦ 土豆块和胡萝卜块炖烂后加入青椒片、红椒片，再放入咖喱翻炒均匀，待汤汁变浓稠后关火。

⑧ 将米饭捏成球状，用海苔装饰，做成大白的模样，放到碗中，浇上煮好的土豆鸡肉咖喱，用生菜点缀即可。

👨‍🍳 温馨提示

① 鸡肉提前处理会更嫩，而且容易入味。

② 没有清汤可以用热水代替。

③ 咖喱的用量可根据个人口味酌情添加。

盐煎菠萝虾串 + 芝士牛排

难度：★☆☆

芝士牛排

主料
肋眼牛排2块，芝士2片，
口蘑2朵，番茄1块

调料
盐2克，现磨黑胡椒碎1克，
罗勒叶2克，橄榄油2小勺，
番茄酱适量

制作方法

① 将肋眼牛排置于室温，用厨房用纸吸干析出的水。在肋眼牛排的两面均匀地撒上盐和现磨黑胡椒碎，腌制入味。口蘑切成片，放入煎扒锅中，扒上花纹备用。
② 煎扒锅烧热，倒入橄榄油，放入肋眼牛排，煎扒150秒。
③ 待肋眼牛排煎至变色、有花纹后翻面，将另一面也煎扒好。
④ 将芝士片放到肋眼牛排上，用余温将芝士片化开，放上提前扒上花纹的口蘑片。
⑤ 将肋眼牛排盛出，用罗勒叶和番茄块装饰，再淋上番茄酱。可搭配炸薯条和盐煎菠萝虾串食用。

温馨提示
① 提前煎好口蘑。
② 肋眼牛排煎制时间不要过长，以免肉质变老。
③ 用余温将芝士片化开，如果继续加热的话会影响肋眼牛排的口感。

盐煎菠萝虾串

主料
鲜虾6只，菠萝1块

调料
海盐1克，黑胡椒碎1克，
橄榄油少许

制作方法
① 将鲜虾洗净，去头、壳，留尾部，剔除虾线。
② 将菠萝切成大小合适的块，和鲜虾间隔地穿到一起。
③ 煎扒锅中刷少许橄榄油，放入菠萝虾串，均匀地撒上海盐和黑胡椒碎，将虾扒熟至变色，待菠萝片扒上花纹即可。

温馨提示
① 将虾去掉头、壳，孩子吃起来更方便。
② 菠萝片的厚度尽量和虾肉的厚度一致。
③ 用海盐调味既简单又美味，还能保持食物的原味。

香煎鱼薯饼

 难度: ★ ★ ☆

主料

龙利鱼肉250克, 土豆1个, 胡萝卜1/3个, 面包屑30克, 蛋清1/2个

调料

柠檬1/2个, 盐1/2小勺, 胡椒粉1/4小勺, 黑胡椒碎适量, 橄榄油1大勺, 番茄酱或甜辣酱适量

制作方法

① 将龙利鱼肉切片, 加入盐、胡椒粉抓匀, 挤上柠檬汁腌制入味。

② 土豆去皮后蒸熟, 捣成土豆泥, 待用。

③ 将鱼肉放入容器中, 开水上屉, 蒸5~8分钟至熟。

④ 将鱼肉剁碎, 胡萝卜切末, 一同盛入碗中, 再加盐、黑胡椒碎、蛋清和面包屑。

⑤ 所有食材搅拌均匀。

⑥ 将食材团成球后再压成饼状, 在两面均蘸上面包屑。锅中倒入橄榄油, 将鱼饼放到锅中煎制。

⑦ 待鱼饼煎至两面金黄、焦香上色后盛出, 淋上番茄酱或甜辣酱食用即可。

温馨提示

面包屑可以自己动手制作, 也可在商场、超市内买到。

红豆沙面包超人

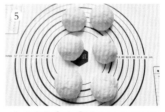

主料

高筋面粉 175 克，低筋面粉 75 克，红豆沙馅 80 克，全蛋液 80 克，巧克力币 20 克

调料

盐 2 克，奶粉 5 克，即发酵母 3 克，黄油 20 克，细砂糖 45 克

制作方法

① 将高筋面粉、低筋面粉、细砂糖、盐、奶粉一同放入厨师机的料理盆中。

② 将酵母放到 100 克水中，和 50 克全蛋液混合，倒入厨师机的料理盆中。

③ 低速搅拌至材料混合。高速搅拌，至面团有光泽，加入黄油，将面团揉至扩展阶段，即面团可以拉出薄膜。将揉好的面团收圆，进行第一次发酵。

④ 发酵的面团膨胀至两倍大。

⑤ 将面团排气后分割成 6 等份，松弛 10 ~ 15 分钟。

⑥ 将其中的 4 份面团分别包裹豆沙馅，将口收于底部，擀成饼状。

⑦ 剩余的 2 份面团分别分割成六等份，团成小圆球，排列在豆沙面饼的中央，做成面包超人的鼻子和脸颊。

⑧ 将剩余一半的蛋液均匀地涂抹在面包超人的"面部"和"鼻子"上。

⑨ 烤箱预热至 210℃，将面包生坯放到烤盘中，置于烤箱中层，烤约 8 分钟，取出后再刷一次蛋液。

⑩ 接着烤约 5 分钟，直至面包生坯熟透，上色均匀。将巧克力币隔水化开，装入裱花笔中，在面部画上"眼睛""眉毛"和"嘴巴"即可。

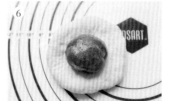

面包脆脆

 难度：★☆☆

主料

法棍 1 根，面粉 20 克

调料

黄油 100 克，细砂糖 60 克，盐 2 克

制作方法

① 将法棍切片，备用。

② 将黄油用微波炉加热至化开，放入细砂糖、面粉和盐，用打蛋器搅拌均匀，制成黄油糊。

③ 将法棍片放到黄油糊中，整片均匀地裹满黄油糊，放到烤盘中。

④ 烤箱预热至 170℃，将烤盘置于烤箱中层，烤 12 ~ 15 分钟至表面金黄酥脆即可。

吐司面包鲜果

 难度：★★☆

主料

吐司面包半个，苹果 1 个，梨 1 个，草莓 250 克，百香果 1 个，冰激凌球 1 个，鲜奶油 100 克

调料

白糖 1 小勺，色拉油适量

制作方法

① 将吐司面包切开一面，掏出面包内心，把掏空的吐司盒放入烤箱中，以 180℃中火烤 10 分钟至表皮酥脆。

② 苹果、梨洗净，切成滚刀块。草莓对半切开。炒锅烧热，加入少许油和白糖，放入苹果块、梨块不停翻炒至糖全部化开且表面形成焦糖色。

③ 将炒成焦糖色的水果块放入鲜奶油中，大火煮至鲜奶油全部将水果块包裹住。

④ 将做好的水果块放入烤好的吐司盒内，加上草莓、百香果肉和冰激凌球即可。

温馨提示

① 给水果上色时要不停地翻炒，并保持中火，才会使水分迅速挥发，糖色炒匀。

② 可以在第①步将取出的面包心一起烘烤，最后与做好的吐司面包鲜果搭配食用。

葱香火腿沙拉面包

难度：★ ★ ☆

🌿 主料

高筋面粉 250 克，牛奶 110 毫升，鸡蛋液 50 克（抹面用 10 克），火腿丁 50 克

🧂 调料

黄油 45 克，细砂糖 40 克，即发酵母 3 克，盐 2 克，葱碎 10 克，沙拉酱少许

✏️ 制作方法 •

① 将高筋面粉、即发酵母、细砂糖、盐、牛奶、40 克鸡蛋液混合均匀，放到厨师机的料理盆里。

② 开始用厨师机揉面，过几分钟就会变成面团了。此时加入切成小块的黄油，继续揉面，让黄油块跟面团充分融合。

③ 加了黄油的面团会有点黏，可以用刮刀将盆壁上的面团刮一刮再继续揉。揉到黄油跟面团完全融合、面团出筋膜，这时候面团就会很软了。此时加入一大半的火腿丁一起揉。

④ 再次取一小块面团检查一下状态，能拉出薄膜，就可以停止了。

⑤ 将面团收圆后放进面盆，发酵至原来的两倍大。戳个洞没怎么回缩就说明发好了。

⑥ 取出面团先按压出气体，平均分割成 6份。再取一个分割后的面团，分割成 3份，继续静置 15 分钟，让小面团醒发，要不然过会儿整形容易回缩。

⑦ 3 份小面团分别搓成长条状，然后将三

个头捏在一起，一定要捏紧了。之后就开始编麻花辫，左边搭到中间，右边的搭过来放中间。编好后再整理一下，将两头再捏一捏收紧了，避免过会儿醒发的时候散开。

⑧ 放入烤盘进行二次发酵。二次发酵温度为 38℃，湿度 85% 左右，发制 45 分钟左右就可以了。发好的面团变得胖胖的。

⑨ 表面刷一层全蛋液，然后撒剩余的火腿丁及葱碎，并挤上沙拉酱。之后烤箱以上下管 175℃预热，面包放在中层以 175℃烤 13 ~ 14 分钟即可。

咕咕霍夫

 难度：★ ★ ☆

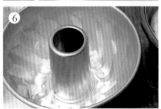

 主料

高筋面粉 250 克，鸡蛋液 70 克，牛奶 60
毫升，葡萄干 60 克，杏仁片适量

调料

细砂糖 45 克，即发酵母 4 克，盐 5 克，
黄油 80 克，朗姆酒适量

制作方法

① 葡萄干用朗姆酒提前泡软，沥干后备用。
② 高筋面粉中放入酵母，倒入牛奶、鸡蛋
液，加细砂糖、盐。黄油切成小块。
③ 用厨师机揉面。揉成一个光滑的面团时，
放入黄油块，揉到能拉出大片薄膜的状态。
④ 加入用酒泡过的葡萄干。
⑤ 面团揉入葡萄干后，盖上保鲜膜。放到
温暖处进行发酵，发酵至原来的两倍大。

⑥ 将咕咕霍夫模涂一层黄油（分量外）防
粘，然后放入杏仁片。
⑦ 将发酵好的面团取出按压排气，在中间
挖一个洞，放入模子中，不要放太满。
再次放到温暖湿润处进行二次发酵，发
到九分满就可以了。
⑧ 烤箱以 180℃预热，然后将生坯放入中
下层，上下火 180℃烤 30 分钟即可。

温馨提示

① 咕咕霍夫属于高糖、高油、口感较软的甜点，所以在揉面团的时候面团会有些湿，尤其加了黄油后，
会比普通的面团更软、更容易粘住内壁。
② 因为面团比较黏，所以最好用厨师机或者面包机来揉。
③ 也可以换成六寸的戚风模具，做成戚风蛋糕的样子。

零食也能健康又美味

Q 孩子吃零食对身体有益吗？

A 零食是指非正餐时间所吃的各种食物。孩子处于生长发育的特殊时期，对能量和各种营养素的需要量比较大。而且孩子活泼好动，能量消耗大，需要正餐之外的食物补充。在两餐之间适当吃一些健康的零食的孩子，与完全不吃零食的孩子相比，能获得更多的营养。在适当的时间选择适宜的零食，能更好地满足孩子生长发育的需求，因此是有益于健康的。所以，父母应该允许孩子吃零食，并注意给孩子提供营养、安全的食品作为零食，同时必须正确引导孩子，吃零食不能影响到正餐，更不能以零食来代替正餐。

Q 哪些零食适合孩子吃？

A 有些零食营养素含量丰富，既含有身体必需的营养素，又能避免孩子摄取过量的脂肪、糖和盐，属于有益健康的零食。

（1）奶制品。各种奶制品（如酸奶、纯牛奶、奶酪等）含有优质的蛋白质、脂肪、碳水化合物、钙等营养素，可以让孩子每天食用。酸奶、奶酪可作为下午的加餐，牛奶可在早上和睡前饮用。

（2）水果。水果含有较多的碳水化合物、矿物质、维生素和有机酸，经常吃水果能促进食欲，帮助消化，对孩子生长发育是极为有益的。最好是在每天饭后吃适量水果。

（3）饼干、蛋糕、面包。这些西点含蛋白质、脂肪、碳水化合物等营养物质，能为身体提供能量，因此孩子可以将西点作为下午的加餐，以补充能量，但是西点脂肪含量较高，且一般添加了大量的糖，因此不能把西点作为主食，让孩子随意食用，尤其是不能在饭前吃。

Q 哪些零食不宜让孩子多吃？

A 有些零食营养价值低，且高脂肪、高糖或高盐，缺乏身体需要的其他营养素。常吃这样的零食会影响孩子的健康。

（1）脂肪含量高的零食。比如油炸类零食，这类零食酥脆可口、香气扑鼻，能增进人的食欲，所以深受许多大人和孩子的喜爱。但这类零食的脂肪含量非常高，脂肪摄入过量容易导致孩子肥胖，而肥胖会导致高血脂、动脉硬化、冠心病等疾病的发生，影响孩子未来的身体健康。此外，许多奶油蛋糕中含有大量的人造奶油，人造奶油含有反式脂肪酸，可导致肥胖和血脂升高。

（2）含糖量高的零食。巧克力、冰激凌、糖果等零食中含有很多糖，糖是一种营养素，它能给身体提供能量，但摄入过多的糖会使能量过剩，导致肥胖，并能将身体需要的钙排出体外，不利于孩子长身体。此外，吃糖还给口腔中的牙菌斑生长提供良好的条件，容易引起孩子龋齿。尤其是在饭前不宜吃糖，糖能使孩子产生饱腹感，从而不好好吃饭，影响孩子正常的饮食。

（3）含大量食品添加剂的零食。蜜饯、果冻和其他色彩鲜艳的零食通常加入了较多的甜味剂、防腐剂、合成色素等。这些食品添加剂对代谢、解毒功能不健全的孩子来说，具有很大的危害。

（4）含盐量高的零食。过咸的零食在加工过程中加入了很多盐，如一些薯片、薯条、虾条、话梅等，盐分摄入过高会影响身体的体液平衡，消耗体内的矿物质。有些腌制的零食中还会含有致癌物质，因此盐分多的零食对孩子的健康无益。

Q 如何引导孩子正确地吃零食？

A 许多孩子在吃零食时，常常不懂得节制，想什么时候吃就什么时候吃，想吃多少就吃多少，结果吃得不饥不饱，当用正餐时已经失去了饥饿感。由于正餐进食量减少，孩子不能获得满足生长发育所必需的营养物质，长此以往，就可能引起孩子消化功能紊乱，缺乏食欲的情况，出现营养不良，严重影响孩子的健康。父母引导孩子正确地、健康地吃零食，可以从以下几个方面做起：

（1）一日三餐定时吃饭。快吃饭时不可给孩子吃零食，以免影响正餐的进食量，失去饥饿感。孩子吃了正餐，也就不想多吃零食了。注意让孩子按时进餐，养成良好的就餐习惯，每到饭点孩子自然而然地就会产生饥饿感，消化器官随之分泌消化液，促进胃肠蠕动，激发孩子的食欲。

（2）在固定的时间吃零食。父母要注意纠正孩子随时随地吃零食的坏习惯。不要随便摆放零食让孩子自由取用，没有自制力的孩子通常会不知不觉吃下大量零食。让孩子养成在固定时间吃零食的习惯。吃零食的时间最好安排在正餐前两个小时，至少在正餐前一个半小时左右，且零食的量不要太多，以不影响正餐为准。

（3）不能将零食当作奖励孩子的工具。一项研究指出，如果父母喜欢用零食当作奖励，孩子的零食摄入量是其他不用零食当作奖励的孩子的三倍。父母不要动不动就用零食来让孩子听话，这样只能强化零食的好处，让孩子认为做得好就能获得零食，而失去了原本的限制效果了。

（4）不要给孩子贴上爱吃零食的标签。有些父母经常会用"你就爱吃零食"或"我看你改不了爱吃零食的毛病了"来批评孩子。给孩子贴上爱吃零食的标签后，孩子就会从心理上认定自己就是爱吃零食的人，这样只能是适得其反。几乎没有不爱吃零食的孩子，父母要做的是适当引导，而不是乱贴标签。

小熊饼干棒

 难度：★★☆

主料

鸡蛋液 25 克，低筋面粉 125 克，可可粉 7 克

调料

黄油 55 克，红糖 50 克

制作方法

① 黄油于室温下软化，用电动打蛋器以低速打至膨胀，加入筛过的红糖，中速打至膨胀。

② 继续搅打，分次少量地加入打散的鸡蛋液，再加入低筋面粉，翻拌均匀，制成原色面团。

③ 取出一半面团，加入可可粉，制成可可面团。

④ 分别将两个面团捏成长条形，分成小份，做成小熊的样子。

⑤ 将小熊饼干坯放于烤箱中层，以上下火175℃，烘烤 12 ~ 15 分钟，至饼干底呈微黄色即可。

温馨提示

红糖容易结块，应先过筛再称重，这样比较准确。

蜜汁猪肉脯

 难度：★★☆

🌿 **主料**

猪腿肉（略带肥肉）510 克

🧂 **调料**

高度白酒 3 克，盐 3 克，生抽 10 克，鱼露 5 克，黑胡椒粉 1 克，白砂糖 20 克，红曲粉 3 克，玉米淀粉 7 克，蜂蜜水 50 克（蜂蜜 40 克加温开水 10 克混匀），植物油适量

✏️ **制作方法** •

① 将猪腿肉剁成肉糜。肉糜放入碗中，加入盐、高度白酒、鱼露、生抽、黑胡椒粉、白砂糖、红曲粉、玉米淀粉。用筷子拌一下，顺一个方向搅拌至肉糜起黏性。将烤盘倒扣，根据烤盘的大小裁出一张锡纸。锡纸平铺，薄薄地涂一层植物油，将肉糜放在锡纸上，用手推展开。

② 在肉糜上铺一张保鲜膜，用擀面杖将肉糜擀成厚薄均匀的片。将肉糜连同锡纸一起放入烤盘中，撕去上面的保鲜膜。

③ 烤盘放入预热的烤箱中，以上下火 180℃烤 15 分钟，取出刷一次蜂蜜水，将肉翻面后再烤 15 分钟，再刷一次蜂蜜水。

④ 将烤好的肉脯取出，两面刷上蜂蜜水，放置在烤网上。将烤网放入烤箱中层，底下插烤盘，再以上下火 140℃将两面各烤 5 分钟，取出，切成小片即可。

焦糖布丁

 难度：★★☆

🌿 **主料**

鸡蛋 4 个，牛奶 500 毫升

🧂 **调料**

白砂糖 130 克

✏️ **制作方法** •

① 牛奶加 50 克白砂糖，用小火略煮至糖化开，放凉。

② 鸡蛋打入盆中，搅打均匀，加入凉的牛奶液，充分搅打均匀，用网筛过滤一次，即成蛋奶浆。

③ 将 80 克白砂糖和 80 克清水放入小锅中，小火煮成焦糖色，趁热倒入布丁杯中，移入冰箱内冷藏，放凉至焦糖凝固。

④ 将蛋奶浆倒入布丁杯内，烤盘内倒满水，以上下火 160℃中下层烤 35 分钟。

⑤ 烤好后冷藏 4 小时脱模，倒扣在盘中即可。

👨‍🍳 **温馨提示** •

煮焦糖时一定要用小火慢煮，至呈褐色时即可熄火，以免余温把焦糖烧煳。

紫薯馅华夫饼

难度：★ ★ ☆

 主料

高筋面粉 100 克，低筋面粉 50 克，鸡蛋 1 个，牛奶 30 毫升，紫薯 180 克

调料

白糖 25 克，酵母 2 克，黄油 25 克，食用油适量

制作方法 ·

① 将两种面粉和白糖、鸡蛋、牛奶、酵母混合。揉成一个光滑的面团后放入软化的黄油块继续揉成面团。将面团发酵至原来的两倍大，或者是盖上保鲜膜放到冰箱里过夜，第二天再用。

② 紫薯蒸熟后压成泥，加入少许的牛奶（分量外）拌匀，团成一个团后备用。

③ 面团拿出来先按压、排气，之后分成 8 个小面团滚圆。紫薯也是分成 8 份。

④ 取一个小面团，按扁，压成中间厚四周薄的饼。放进一个紫薯小团，然后包起来并封口。

⑤ 包好以后要封口朝下放。按这个做法将 8 个小面团都包好。

⑥ 装好华夫饼盘，机器预热 2 至 3 分钟，薄薄地刷一层油，在中间位置放入小面团，然后盖上盖子，加热 3 分钟即可。

⑦ 中途可以打开盖子查看上色情况，根据自己的喜好选择上色的深浅程度。

温馨提示 ·

① 可以换成其他馅儿，例如红豆沙馅儿、绿豆沙馅儿、白芸豆沙馅儿、紫米馅儿等等。

② 一般加热 3 分钟就可以了，时间到了以后可以不打开盖子继续闷一会儿，颜色也会变深。

③ 喜欢酥脆口感的就烤得颜色深一些，小朋友吃的可以烤得颜色浅一些。

澳门木糠杯

 难度：★ ★ ☆

🥬 主料

消化饼干 150 克，动物鲜奶油 350 克，炼乳 65 克，草莓（对半切开）2 个

🥖 制作方法 •········

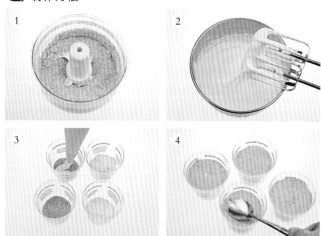

① 消化饼干用手掰成小块，放入搅拌机中搅碎。可使用机器的"点动"功能，多搅几次。

② 动物鲜奶油放入搅拌盆中，用电动打蛋器低速搅拌一下，转高速搅打至成半固体的状态。加入炼乳，用电动打蛋器低速搅打 3 秒钟左右至炼乳和鲜奶油混匀。

③ 用汤匙挖一些饼干屑，平铺在慕斯杯底。裱花袋装上花嘴，将打发的鲜奶油装入裱花袋中，在慕斯杯内挤一圈鲜奶油。

④ 在鲜奶油上再撒一层饼干屑，再挤一圈鲜奶油。每铺一层饼干屑，都要用汤匙压平整。就这样一层饼干屑、一层鲜奶油，将慕斯杯装满。移入冰箱冷藏 1 小时后，用草莓点缀即可食用。

葡式蛋挞

 难度：★ ★ ☆

🥬 主料

千层酥皮 1 张，鲜奶油 100 克，牛奶 85 克，吉士粉 1 大勺，炼乳 1 大勺，蛋黄 2 个

🧂 调料

糖 2 大勺，淀粉 1 大勺

🥖 制作方法 •········

① 吉士粉放入奶锅中，冲入少许牛奶搅至化开。加入鲜奶油、牛奶、糖、炼乳搅匀，移至火炉上，小火边煮边搅拌，直至起小泡，放凉后，加入蛋黄搅散，用网筛过滤，即成挞水。

② 将准备好的千层酥皮裁成长方形，卷成筒状，底部粘紧，包上保鲜膜，放入冰箱冷冻 15 分钟。

③ 将酥皮卷取出，切成 1.5 厘米厚的小段，顶部蘸上淀粉，放入挞模内，依挞模形状按成 2 毫米厚的挞皮，放入冰箱冷藏松弛 20 分钟。

④ 将挞水倒入做好的挞模内，七分满即可。放入烤箱中层，以上下火 220℃烤 20 分钟，再移至上层烤 1 ~ 2 分钟上色。

水果奶油泡芙

 难度：★ ★ ★

主料

低筋面粉 60 克，鸡蛋 2 个，动物鲜奶油 100 克，新鲜水果 110 克

调料

黄油 50 克，盐 1/4 小勺，细砂糖 10 克

制作方法

① 将黄油放入小锅内，加盐、100 克清水，中小火煮至黄油化成液态，水沸腾。鸡蛋磕入碗中，搅拌均匀。

② 马上离火，立即加入低筋面粉，划圈搅拌，使面粉都被均匀地烫到，变成面团。

③ 重新开小火，加热面团以去除水分，翻动面团，直至锅底起一层薄膜，离火。

④ 将面团倒入大盆内，少量多次地加入蛋液，搅拌均匀，至面糊变得光滑、细致。

⑤ 将面糊装入裱花袋中，在烤盘上挤出圆形。烤箱于 200℃预热，以上下火 200℃，在中层烤 25 分钟。

⑥ 泡芙烤好后放凉至不烫手，从泡芙中间位置割开，不割断。将动物鲜奶油加细砂糖打至硬性发泡，装入裱花袋中，挤入泡芙中，装饰新鲜水果即可。

温馨提示

在烘烤的过程中千万不可打开烤箱门，如果面团突然过冷，会回缩不再膨胀，导致操作失败。

缤纷水果挞

难度：★ ★ ☆

主料

消化饼干6片，樱桃3个，火龙果2片，葡萄3颗，蓝莓数粒，哈密瓜1片，优酪乳1小瓶

调料

花生酱1大勺

制作方法

① 准备好消化饼干和花生酱。

② 在一片消化饼干上均匀地抹上花生酱，将另一片消化饼干盖在上面，捏起来。

③ 同样方法处理好剩下的饼干。

④ 将水果洗净。火龙果用蔬菜压花器压成

花片。葡萄切片。哈密瓜去皮，切小块。将水果一起放入容器中，备用。

⑤ 在饼干表面抹上优酪乳。

⑥ 将处理好的水果摆到饼干上，稍加摆放即可。

温馨提示

① 简单的水果挞，搭配花生酱很是美味。点缀缤纷的水果，必定会引起孩子的关注。

② 优酪乳也可用稠厚的老式酸奶代替。

小小腰果酥

 难度：★★☆

1

2

3

4

5

🌿 主料

腰果约 50 粒，低筋面粉 125 克，杏仁粉 65 克，蛋黄 1 个

🧂 调料

细砂糖 35 克，盐 1 克，黄油 105 克

6

🥄 制作方法 •

① 将黄油称重后切成小块，放入料理盆中。

② 低筋面粉过筛，和杏仁粉一同放入料理盆中。

③ 用刮板不断切拌，将食材混合成颗粒状。

④ 放入细砂糖和盐，继续混合均匀，加入蛋黄，用刮刀混合搅拌。

⑤ 团成黄油面团，放到冰箱中冷藏 1 小时至面团变硬。

⑥ 将腰果放到烤箱中，上下火 150℃烘烤约 5 分钟至香酥。

⑦ 将冷藏好的面团平均分成约 7 克大小的面团。放入腰果，捏成腰果状的小饼干。

⑧ 捏好的小饼干摆放在烤盘上。

⑨ 烤箱预热至 170℃，将烤盘置于烤箱中层，烘烤 15 ～ 18 分钟，至腰果酥上色、香味飘出即可。

7

🍲 温馨提示 •

① 腰果营养丰富，烤制食用味道更佳。

② 杏仁粉和腰果能够给孩子补充能量。自制的小零食美味无添加，给孩子吃很放心。

③ 如果嫌捏腰果形状麻烦，可以先将面团团圆后按成小饼，再将腰果嵌到小饼上，烤制即可。

9

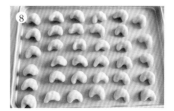
8